LES SAUTERELLES

INVASION DE 1891

APPAREIL CYPRIOTE

LES SAUTERELLES

INVASION DE 1891

DÉFENSE RATIONNELLE ET PRATIQUE

RAPPORT

SUR LA

DÉFENSE DE LA COMMUNE DE L'ARBA

PAR

E. BORDE

MAIRE DE L'ARBA,
VICE-PRÉSIDENT DU SYNDICAT DES VITICULTEURS
DU DÉPARTEMENT D'ALGER,
ADMINISTRATEUR-DIRECTEUR
DE LA SOCIÉTÉ DE VITICULTURE ALGÉRIENNE.

ALGER
LIBRAIRIE ADOLPHE JOURDAN
IMPRIMEUR-LIBRAIRE-ÉDITEUR
4, PLACE DU GOUVERNEMENT, 4

1891

INTRODUCTION

La commune de l'Arba, que j'ai l'honneur d'adminis-
trer, est particulièrement prédisposée, par sa situation
topographique, à voir son territoire occupé par toutes
les invasions de sauterelles qui gagnent le Tell du
département d'Alger.

Elle a été fortement éprouvée en 1866 et en 1874.

Cette année, toutes les propriétés européennes ou
indigènes ont été couvertes, pendant six jours, de vols
considérables.

Grâce à des efforts à peu près unanimes, à des sacrifices pécuniaires très importants, le territoire a été
totalement préservé.

J'ai exposé ces résultats dans un rapport que j'ai
présenté, comme président d'honneur du comité de
défense, à l'assemblée générale des propriétaires de la
commune.

Il a paru à cette réunion que les résultats très concluants obtenus durant cette campagne pouvaient offrir
quelque utilité pour la région, en prévision d'invasions
futures ; et cette assemblée a voté l'impression de mon
rapport.

Depuis cinq ans, j'ai pu suivre de près la défense contre les criquets marocains dans la région de Téniet.

Cette année, j'ai dû, comme Directeur de la Société de viticulture algérienne, assurer la défense de ses vignobles, d'une superficie de près de 300 hectares.

C'est pourquoi je crois pouvoir faire précéder le rapport de la défense locale dans ma commune de quelques renseignements généraux sur la campagne qui vient de finir.

J'exposerai simplement le résultat de mes observations personnelles et de celles de la vaillante population qui a lutté avec moi.

Je n'ai aucune prétention littéraire ou scientifique. Nous avons des entomologistes officiels, largement rétribués, et disposant des crédits nécessaires pour la publication de savants rapports sur l'anatomie, la physiologie et sur les mœurs des acridiens. Nous serons tous heureux de retrouver dans leurs mémoires les observations faites maintes fois par chacun de nous. Si leurs lumières nous ont été, pour la lutte, d'une utilité contestable, nous espérons du moins qu'il ne s'élèvera pas entre eux de controverse sur les faits acquis dans la campagne actuelle, et que nous ne serons pas exposés à voir remettre en question les données positives et consacrées définitivement par l'expérience que nous venons de faire.

Le rapport présenté par le Préfet au Conseil général d'Alger à la session de décembre **1874** fixait *la durée moyenne de l'incubation à vingt jours.*

Au printemps de **1891**, les docteurs de l'entomologie, après avoir longuement discuté sur une durée probable de soixante, quarante-cinq ou quarante jours, se sont risqués, dès le 25 juin, dix jours après les premières éclosions, à fixer à cette période *une durée moyenne de vingt-un jours !!!*

Nous souhaitons que, dans leurs pronostics et leurs affirmations, ils s'inspirent toujours d'une prudence aussi réservée.

Pour moi, mon but est plus modeste. En montrant les résultats obtenus sur les propriétés particulières et sur le territoire que j'avais à défendre contre les acridiens, je voudrais seulement établir que toute commune disposant de ressources suffisantes pourra toujours assurer la préservation de ses récoltes, quelle que soit l'intensité des vols de sauterelles et des pontes effectuées.

En appuyant cette opinion de preuves certaines et irrécusables, je crois servir la cause de tous mes concitoyens ; car on ne peut contester que les dangers présentés jusqu'à ce jour par les invasions périodiques ne soient une cause sérieuse de la dépréciation de la propriété.

Bien plus, j'estime que la victoire à peu près générale remportée dans le département a une portée beaucoup plus haute, et qu'elle emprunte une importance spéciale aux manifestations peu sympathiques des pouvoirs publics à l'égard de l'Algérie.

Je suis heureux de contribuer à faire connaître les sacrifices consentis par les colons en 1891 ; si nous ne pouvons pas espérer fermer la bouche à des détracteurs prévenus ou de mauvaise foi, nous fournirons, du moins, d'excellents arguments à nos défenseurs.

LES SAUTERELLES

INVASION DE 1891

CHAPITRE PREMIER

Invasions antérieures

Depuis les temps les plus reculés, le Nord de l'Afrique a été fréquemment ravagé par les sauterelles.

C'était une des sept plaies de l'Égypte ; et nous avons trouvé, dans les lamentations du prophète Joël, le tableau d'une invasion, encore saisissant d'actualité. Je le crois assez intéressant pour en citer des extraits :

> Écoutez ceci, vieillards !
> Prêtez l'oreille, vous tous, habitants du pays !
> Rien de pareil est-il arrivé de votre temps,
> Ou du temps de vos pères ?
> Racontez-le à vos enfants,
> Et que vos enfants le racontent à leurs enfants,
> Et leurs enfants à la génération qui suivra !
> Ce qu'a laissé le *gazam*, la sauterelle l'a dévoré ;
> Ce qu'a laissé la sauterelle, le *pelek* l'a dévoré ;
> Ce qu'a laissé le *pelek*, le *hasil* l'a dévoré.
>
> Réveillez-vous, ivrognes, et pleurez !
> Vous tous, buveurs de vin, gémissez,
> Parce que le moût vous est enlevé de la bouche !
> Car un peuple est venu fondre sur mon pays,
> Puissant et innombrable,

Il a les dents d'un lion,
Les mâchoires d'une lionne.
Il a dévasté ma vigne ;
Il a brisé mon figuier,
Il l'a dépouillé, abattu ;
Les rameaux de la vigne ont blanchi.

Lamente-toi comme la vierge qui se revêt d'un sac
Pour pleurer l'ami de sa jeunesse !
Offrandes et libations disparaissent de la maison de l'Éternel.
Les prêtres, serviteurs de l'Éternel, sont dans le deuil,
Les champs sont ravagés,
La terre est attristée ;
Car les blés sont détruits,
Le moût est tari, l'huile est desséchée.
Les laboureurs sont consternés, les vignerons gémissent,
A cause du froment et de l'orge,
Parce que la moisson des champs est perdue.
La vigne est confuse,
Le figuier languissant ;
Le grenadier, le palmier, le pommier,
Tous les arbres des champs sont flétris....
La foi a cessé parmi les fils de l'homme !
.   .   .   .

Les greniers sont vides,
Les magasins sont en ruines,
Car il n'y a pas de blé.
Comme les bêtes gémissent
Les troupeaux de bœufs sont consternés,
Parce qu'ils sont sans pâturage ;
Et même les troupeaux de brebis sont en souffrance.
.   .   .   .

Le pays était auparavant comme un jardin d'Éden,
Et depuis c'est un désert affreux :
Rien ne leur échappe.
A les voir, on dirait des chevaux,
Et ils courent comme des cavaliers.
A les entendre, on dirait un bruit de chars.
Sur le sommet des montagnes où ils bondissent,
On dirait un pétillement de la flamme du feu,
Quand elle consume le chaume.
C'est comme une armée puissante,
Qui se prépare au combat.
Devant eux les peuples tremblent.
Tous les visages pâlissent.
Ils s'élancent comme des guerriers,
Ils escaladent les murs comme des gens de guerre ;
Chacun va son chemin,
Sans s'écarter de sa route ;

Ils ne se pressent point les uns les autres,
Chacun garde son rang ;
Ils se précipitent au travers des traits,
Sans arrêter leur marche.
Ils se répandent dans la ville,
Courent sur les murailles.
Ils montent sur les maisons,
Entrent par les fenêtres comme un voleur.
Devant eux la terre tremble,
Les cieux sont ébranlés,
Le soleil et la lune s'obscurcissent,
Et les étoiles retirent leur éclat.

. . . .

En faisant la part de l'exagération et des figures hyper-
boliques chères aux Orientaux, on pourrait y voir l'œuvre
d'un reporter envoyé spécialement par un journal pari-
sien pour décrire sur place les ravages de ce fléau. —
Les historiens latins nous ont laissé le récit des invasions qui, sous la domination romaine, dévastèrent à
plusieurs reprises le grenier de l'Italie.

Depuis la conquête française, deux années sont restées
tristement célèbres dans les annales de la colonisation,
par les suites terribles de l'apparition des sauterelles. Je
n'ai pu trouver, dans les documents officiels, des renseignements détaillés sur l'invasion de 1866. Le général de
Wimpffen, commandant la division d'Alger, accordait
une mention très succincte à ce sinistre, dans le rapport
qu'il présentait au Conseil général en décembre 1866.

« .... Je vous parlerai d'abord, messieurs, du
» fléau qui est venu, cette année, renverser bien des
» calculs et causer bien des misères. Vous avez tous
» été témoins et même victimes de cette invasion de
» sauterelles qui, au printemps, se sont abattues sur
» les récoltes, les ont dévorées, malgré tous les efforts
» des populations aidées de nos soldats, et ont, sur les
» mêmes terrains, déposé des larves innombrables d'où
» sont sortis des insectes plus terribles et plus destruc-
» teurs encore.
» Un examen consciencieux, souvent fait sur place, la

» lecture de nombreux rapports prouvent de grands
» désastres, mais pas assez complets cependant pour
» arrêter l'essor de notre colonie. J'ai constaté qu'en
» supputant, avec plus de sang-froid qu'aux jours de la
» lutte, leurs pertes et leurs ressources, un grand nom-
» bre d'hommes courageux, s'appuyant sur leurs nou-
» veaux efforts et sur la richesse du sol, jetaient un
» regard confiant vers l'avenir. Là où les récoltes ont
» été plus ou moins épargnées par ces terribles locus-
» tes, les produits se sont développés dans les propor-
» tions les plus favorables. Tels fermiers sont en me-
» sure de payer leurs fermages sans compromettre leurs
» ressources particulières. Tels propriétaires sont sûrs
» de trouver, dans le rendement de leurs terres, de quoi
» satisfaire à toutes leurs obligations. Il en est de même
» en territoire indigène, bien qu'il ait été généralement
» plus éprouvé, en raison des conditions inférieures du
» sol sur certains points et de cultures laissant plus à
» désirer. »

En terminant, il ajoutait qu'il avait déjà prévenu les
indigènes de n'avoir pas à compter sur un concours
sérieux du gouvernement, ni sur de larges distributions
de grains.

La confiance trop optimiste du général devait recevoir,
quelques mois après, un lugubre démenti. Nous savons
que les conséquences de ce fléau furent terribles pour
la colonie. Et s'il n'est pas prouvé que 500,000 Arabes
périrent de faim, comme le prétend une tradition très
accréditée, il n'en est pas moins certain que la famine,
le typhus et le choléra vinrent jeter la consternation dans
les populations européennes et indigènes, et, contrairement aux prévisions du commandant de la division,
arrêter l'essor de la colonie pendant plusieurs années.

Sur l'invasion de 1874, nous avons des données plus
positives. Le rapport du préfet, adressé au Conseil général
à la session de décembre 1874, nous fournit même des

renseignements très précis, et dont quelques-uns présentent un réel intérèt.

Je cite le chapitre en entier :

« Le département a été éprouvé, dans le courant de l'année, par un fléau redoutable qui, depuis quelques années, se reproduit assez fréquemment, à des degrés plus ou moins graves, selon que l'invasion est circonscrite aux territoires du Sud ou qu'elle se généralise, en envahissant le département tout entier. Tel a été le cas de l'invasion de 1874.

Les sauterelles ont fait leur apparition dans le département, dans la seconde quinzaine d'avril. Grâce à l'énergie et à la vigueur déployées par les populations, les effets du fléau ont pu être atténués en partie. Ces acridiens se sont montrés, tout d'abord, à Boghar. Les efforts tentés sur ce point pour arrèter l'invasion ont été infructueux ; les populations de ce territoire ont été bientôt débordées de toutes parts, et le flot irrésistible des sauterelles, descendant la vallée du Chéliff, a successivement envahi les plaines du Chéliff et de la Mitidja et tout le Sahel. A la fin du mois de mai, le département était entièrement envahi.

En raison du caractère de l'invasion, des instructions ont été adressées aux maires pour l'organisation des mesures à prendre, en vue de combattre le fléau. Comme il est d'usage, en matière de calamité publique, un arrêté préfectoral a prescrit à ces fonctionnaires de requérir tous leurs administrés, européens et indigènes, pour détruire, par tous les moyens en leur pouvoir, les sauterelles, leurs œufs et les criquets. Les habitants valides des communes ont été, à tour de rôle et alternativement entre Européens et Indigènes, astreints à ce service.

Le fléau n'a pas causé des ravages aussi étendus qu'on le redoutait, par suite d'une heureuse circonstance. Les

pluies du printemps, exceptionnellement abondantes dans le Sud, avaient développé dans cette région une riche végétation. Trouvant à vivre dans ces territoires, elles s'y sont attardées, et lorsque, à l'époque de l'accouplement, elles ont pénétré dans le Tell, les foins étaient coupés et les blés arrivés à maturité. La plus grande partie de la fortune agricole de nos colons se trouvait ainsi à l'abri du danger; les cultures printanières, la vigne et le tabac étaient seuls exposés à la voracité de ces acridiens.

L'accouplement et la ponte ont, presque partout, succédé aussitôt à l'invasion.

Abandonnés à leurs propres forces, les colons eussent été impuissants à combattre le fléau. Sur la demande des municipalités, l'autorité militaire s'est empressée de mettre à leur disposition des détachements variant suivant l'étendue des territoires à préserver du danger. En raison du travail pénible qui incombait aux troupes et pour faciliter leur alimentation, une indemnité de 60 centimes par jour leur fut allouée.

Les efforts réunis de nos colons et de nos soldats ont assuré la destruction d'immenses quantités d'œufs; la même opération a été exécutée en territoire militaire, ce qui a atténué en grande partie le danger de l'éclosion des criquets.

Malheureusement, il était impossible de détruire toute la ponte. L'éclosion des œufs qui avaient échappé aux recherches s'est produite du 10 au 20 juin, c'est-à-dire *vingt jours* environ après l'invasion des sauterelles adultes. Elle a été combattue avec une vigueur qui témoigne de l'énergie de nos populations agricoles.

Les procédés de destruction ont varié suivant les localités. Le plus efficace et celui qui a été le plus souvent employé consiste dans l'incinération des chaumes ou des herbes sèches sur lesquels on dirigeait les colonnes de criquets. Les précautions les plus sévères avaient été prescrites pour éviter les dangers d'incendies. Ces

précautions ont été soigneusement observées et l'on n'a
eu, fort heureusement, à regretter qu'un nombre très
restreint d'incendies et sans importance.

D'autres moyens de destruction ont également été
employés avec succès ; je citerai notamment l'emploi du
pétrole, l'enfouissement dans des fosses ouvertes sur le
passage des colonnes de criquets ; l'écrasement à l'aide
de balais métalliques, de branches d'arbres ou d'arbus-
tes. Dans quelques localités, les habitants dirigeaient
les criquets dans les canaux d'irrigation d'où ils les
retiraient après les avoir noyés. Je dois aussi signaler
l'emploi, dans les communes du Fondouk et de l'Arba
du système Ceccaldi, en usage dans l'île de Chypre, avec
certaines modifications économiques. Ce procédé n'a
pas donné les résultats que l'on attendait, en raison de
l'étendue des colonnes de criquets qui avaient, parfois,
une largeur de 2 à 300 mètres.

D'immenses quantités de criquets ont été ainsi détruites ; dans la commune de la Rassauta seulement, on
les évalue à 600 quintaux. La décomposition de ces masses organiques inspirait des craintes sérieuses au point
de vue hygiénique. J'ai invité les maires à faire couvrir
de chaux vive les fosses où avaient été enfouis les criquets. Grâce à cette précaution, tout danger a été écarté.

Les dégâts causés par les premiers vols de sauterelles
n'ont pas eu d'importance ; il n'en a malheureusement
pas été de même des criquets.

L'adoption de mesures énergiques a, dans un grand
nombre de centres, permis de préserver entièrement les
cultures des ravages des acridiens ; mais dans les communes voisines des territoires où la colonisation n'a
pas encore pénétré, ces mesures ont été impuissantes
et ces communes ont été cruellement atteintes. Je citerai
particulièrement Boghar, qui évalue les dégâts causés
par les sauterelles et les criquets à 133,000 fr. ; le Fondouk, 130,000 fr.; Aumale, 87,000 fr. ; Miliana, 61,000 fr.;
Berrouaghia, 25,000 fr.; l'Arba, 24,000 fr. ; l'Alma, 40,000 fr.

Les communes qui ont ensuite le plus souffert sont celles qui se trouvaient sur le passage des premiers vols de sauterelles et où, par suite, la ponte a été plus particulièrement considérable. Ces communes sont: Ameur-el-Aïn qui, d'après les indications qui m'ont été adressées, aurait subi près de 35,000 fr. de dégâts ; El-Affroun, 23,000 fr. ; Mouzaïaville, 37,000 fr. ; Oued-el-Alleug, 41,000 fr.

Le voisinage de certains terrains favorables à la ponte, tels que les dunes, explique aussi la violence de l'invasion dans certaines communes, comme la Rassauta, par exemple, dont les pertes sont évaluées à 30,000 francs.

Dans les autres communes les dégâts n'ont pas eu heureusement d'importance.

La plupart des chiffres énoncés ci-dessus sont entachés d'exagération, ainsi que l'ont reconnu, dans quelques communes, les autorités locales. Mais en tenant compte de cette exagération, on n'en demeure pas moins en présence de pertes relativement considérables.

Les cultures printanières, le jardinage, la vigne et le tabac, les arbres fruitiers ont été, sur un grand nombre de points, littéralement dévorés.

Si lourdes que soient ces pertes, elles sont encore au-dessous des appréhensions qu'avait fait naître l'apparition du fléau. Cet heureux résultat est dû à l'énergie peu commune de nos braves colons ; il est dû également à l'empressement avec lequel l'autorité militaire a mis la troupe à la disposition des municipalités qui en faisaient la demande.

Les communes se sont partout imposé de lourds sacrifices ; il n'a pas été possible, au moment de l'invasion du fléau, de leur venir en aide, par suite de l'absence de crédits disponibles. Mais en raison de la situation financière de la plupart d'entre elles, j'estime que le département devrait concourir aux charges qu'elles se sont imposées en leur allouant une indemnité égale à la moitié du chiffre de leurs dépenses.

Ces dépenses s'élèvent, suivant le tableau joint au présent rapport, à la somme de 19,670 francs ; le Conseil général appréciera si, en l'état de ses finances, le département peut allouer aux communes une subvention de 15,000 francs. »

On remarquera les points nombreux d'analogie qu'ont présentés l'invasion de 1874 et celle de 1891.

Pour la première fois on observait les mœurs des sauterelles, les terrains plus particulièrement infestés de pontes, la durée moyenne de l'incubation ; on s'efforçait de détruire les coques ovigères, on luttait contre les criquets, et, pour la première fois, les appareils cypriotes qui, dans la suite, devaient rendre de si grands services, étaient employés à l'état embryonnaire.

Le choix de la commune de l'Arba pour l'expérience de ces appareils semblerait indiquer que notre commune était particulièrement contaminée. Cette assertion est confirmée par le tableau comparatif des sacrifices faits dans chaque localité pour sa défense : sur 29,700 fr. dépensés pour toutes les communes du département, 10,000 fr., le tiers, avaient été engagés par la municipalité de l'Arba, qui reçut 5,000 fr. à titre de remboursement dans la répartition des indemnités accordées par le Conseil général.

Malgré les dépenses relativement élevées affectées à la défense, le Préfet constate que les ravages des acridiens dans notre commune peuvent être évalués à 24,000 fr.

Si l'on considère que les céréales étaient rentrées, et que les dégâts portaient seulement sur quelques orangeries et moins de 100 hectares de vignes, on est frappé de la gravité du désastre qui nous menaçait en 1891, où plus de 800 hectares de vignes pouvaient devenir la proie des acridiens.

C'est par centaines de mille francs que se seraient chiffrées les pertes, si nous n'avions pu arrêter radicalement le fléau, bien autrement important qu'en 1874.

CHAPITRE II

Les Acridiens : Pèlerin, Marocain

J'ai dit, au début de ce travail, que je n'avais aucune prétention scientifique. Cependant, sans vouloir offrir au lecteur un traité didactique, je crois utile, pour faciliter la lecture de cette notice aux personnes étrangères à l'Algérie, de placer ici quelques notes très sommaires sur l'histoire naturelle des acridiens.

Notre colonie, comme toute la partie septentrionale de l'Afrique, est exposée aux ravages de deux espèces de sauterelles, les *nomades* et les *sédentaires*, les *immigrants* et les *autochtones*.

La sauterelle nomade, appelée *acridium pérégrinium*, sauterelle pèlerin, nous vient, à intervalles plus ou moins espacés, du centre de l'Afrique ; le lac Tchad, le Soudan, paraissent être la pépinière inépuisable d'où partent, par *essaimage*, des vols innombrables.

Lorsque la multiplication exagérée des Pèlerins rend leur existence trop difficile, des colonnes d'émigrants se forment pour aller à la conquête de pâturages plus substantiels. Et la patrie d'origine, soulagée par la disparition de ce trop-plein, pourra pendant quelques années assurer une nourriture suffisante aux premières générations.

La sauterelle autochtone, sédentaire, est le *stauronote marocain, stauronotus marocanus*. Depuis 1885, le marocain occupe, dans le Sud des trois départements algériens, des territoires considérables. Les coques ovigères, déposées dans le sol pendant les mois de juillet et d'août, y restent enfouies jusqu'au printemps suivant, et n'éclosent qu'au bout de huit et neuf mois d'incubation. Cette longue période permet d'en détruire de très grandes quantités ; néanmoins, par suite de l'étendue des territoires infestés, et du peu de densité de la population dans ces régions, les éclosions sont formidables.

En 1890, une colonne de criquets, se dirigeant vers Boghar, présentait un front d'un kilomètre, sur près de 35 kilomètres de profondeur. Les lignes des appareils de défense furent débordées à plusieurs reprises, et sans l'énergie de M. le Préfet, les criquets marocains, maintenus jusqu'à ce jour au dehors des limites du Tell, auraient ajouté de vastes territoires à leurs conquêtes antérieures.

J'aurais voulu placer ici quelques extraits des ouvrages qui, dans ces dernières années, ont été consacrés à l'étude comparative des différentes espèces de sauterelles.

Mais ces traités spéciaux, écrits pour un public restreint, sont hérissés de termes techniques qui en rendent la lecture très laborieuse.

Je reproduis seulement, d'après un ouvrage publié récemment à Florence par M. Targionni Tozzetti, qui fait autorité dans toutes les questions relatives aux sauterelles, la description sommaire des deux variétés qui nous occupent.

§ Ier. — SAUTERELLE PÈLERIN

L'*acridium pérégrinium*, le pèlerin, a le corps d'un jaune rougeâtre, tacheté de brun avec une ligne tergale plus claire ; le sternum et l'abdomen, jaunes chez les mâles, sont plus foncés chez les femelles.

Les ailes sont transparentes ; elles présentent quelques taches brunes, mais on n'y trouve pas les bandes foncées, signalées sur l'acridium ægyptianum.

La longueur, uniforme pour les deux sexes, est de 0ᵐ05 à 0ᵐ06.

(M. Lugioni Tozzetti a vraisemblablement obtenu ces dimensions avec des sauterelles nées sur le littoral.

Les sauterelles qui composaient les vols arrivés en avril et mai avaient jusqu'à 0ᵐ08.)

Le pèlerin se trouve en Afrique, aux Indes, en Perse, en Arabie, en Mésopotamie, aux iles Baléares et en Espagne.

L'Amérique possède une variété d'acridien, très voisine du pèlerin.

La sauterelle pèlerin arrive dans nos contrées du 15 au 30 mai ; elle s'accouple et pond aussitôt. L'incubation varie dans le Tell entre 15 et 25 jours.

Les criquets subissent 4 mues ; ces transformations se succèdent pendant les 55 premiers jours de l'insecte, les ailes n'apparaissent qu'au 56ᵉ jour.

J'ai pu mesurer le cube des criquets pèlerins à toutes les phases de leur existence.

Ces recherches, faites avec soin, m'ont donné les résultats suivants :

Une grappe d'œufs représente 92/100ᵉ de centimètre cube.

5 criquets, avant la première mue, représentent 3/10ᵉ de centimètre cube.

5 criquets, avant la deuxième mue, représentent 6/10ᵉ de centimètre cube.

5 criquets, avant la troisième mue, représentent 5 centimètres cubes.

1 criquet, avant la quatrième mue, quelques jours avant l'apparition des ailes, représente 1 cent. cub. 850.

1 sauterelle adulte représente 2 cent. cub. 700, 240 fois l'œuf dont elle est sortie.

SAUTERELLE PÈLERIN, ADULTE (Grandeur naturelle)

J'ai déterminé le volume des criquets par un procédé rigoureusement scientifique, dans le laboratoire du Syndicat des Viticulteurs, et avec le concours de MM. Catta, chef expert, et Moulino, chimiste du laboratoire.

Nous avons procédé de la manière suivante : les criquets étaient placés dans une éprouvette graduée au centimètre cube ; avec une pipette graduée au dixième de centimètre cube, on laissait tomber dans l'éprouvette la quantité d'eau nécessaire à parfaire une unité.

Une sauterelle adulte à laquelle il faut ajouter 3/10e de cent. cube pour que le niveau du liquide atteigne la 3e division de l'éprouvette, cube 2 cent. cubes 700.

§ II. — STAURONOTE MAROCAIN

Le *stauronotus marocanus* appartient au genre trixalin, sous-genre des stauronotes.

Son corps, verdâtre, présente des taches brunes réticulées ; les cuisses, de la même couleur que le corps, sont tachetées de brun.

Les élytres sont plus longs que les cuisses. Les tibias, jaunes à la base, sont rosés sur la partie supérieure, et présentent des épines brunes ; les torses sont jaunâtres.

La longueur du mâle varie entre 18 et 24 millimètres, celle de la femelle entre 23 et 30.

Le stauronote marocain se trouve en Espagne et en Portugal ; en Italie, il occupe principalement la Sicile et la Sardaigne. M. Targionni Tozzetti a donc pu étudier à loisir les mœurs de cet acridien.

Les œufs, déposés en juillet et en août n'éclosent, en Italie, qu'en mai de l'année suivante. En Algérie les éclosions durent du 20 mars à la fin d'avril.

Au bout de trois semaines, les criquets font une première mue.

Les groupes isolés s'assemblent et forment des bandes considérables.

La deuxième mue se produit après la sixième semaine : elle est caractérisée par l'apparition des ailes.

Les vols provenant des bandes éparses se réunissent ; au moment de la ponte, ils s'éloignent des terres cultivées et gagnent les régions incultes et solitaires.

Par plusieurs pontes successives, de 3 à 5, les femelles déposent de 100 à 150 œufs. La femelle, qui mange entre chaque ponte, meurt aussitôt après avoir effectué la dernière.

Le mâle s'accouple avant chaque ponte ; il meurt à la fin d'août. En Italie, un certain nombre passent l'hiver : ce fait n'a jamais été observé en Algérie.

Le criquet marocain est plus agile et plus vigoureux que le criquet pèlerin ; il saute sensiblement plus haut ; il faut donc lui opposer des barrières plus élevées.

Il est aussi beaucoup plus dangereux ; au lieu de parcourir de vastes contrées, il se cantonne dans une région ; les bandes passent et repassent plusieurs fois sur les mêmes cultures ; si elles ne sont pas dérangées, elles ne quittent un pays qu'après en avoir détruit toute la végétation.

En 1882, j'ai pu étudier à loisir le cycle complet des évolutions de l'altise ; et j'ai publié le résultat de mes observations d'abord dans *l'Akhbar*, et plus tard dans un opuscule. J'ai pu faire connaître à mes confrères en viticulture quelques particularités sur l'altise, inédites à cette époque ; et j'ai eu la satisfaction, toujours flatteuse pour un auteur, de trouver de copieux emprunts à mon opuscule dans plusieurs ouvrages plus complets sur le même sujet.

En 1888, alors que les stauronotes marocains occupaient depuis 3 ans les Hauts-Plateaux, et qu'on pouvait craindre de les voir étendre leurs conquêtes, je suis allé étudier les mœurs des acridiens dans la région de Téniet.

A mon retour, vers la fin de juin, j'ai rapporté 100 couples de stauronotes que j'avais ramassés pendant l'accouplement.

Je les ai placés dans une boîte grillagée, dont le fond, d'une surface approximative d'un mètre carré, était couvert d'une épaisse couche de terre et de sable mélangés.

Une absence forcée de quelques jours ne m'a pas permis de faire, sur ces acridiens, les observations rigoureuses pour lesquelles je les avais apportés.

A mon retour, j'appris par mes employés qu'une ponte à peu près générale avait été effectuée.

Je continuai à nourrir les stauronotes, pour savoir combien de jours s'écouleraient entre la ponte et la mort des sauterelles.

Dix jours après, je ne fus pas peu surpris de voir qu'un grand nombre s'étaient accouplées de nouveau.

Je supposai que, chez ces couples, la première ponte avait été arrêtée par les secousses d'un voyage fait dans un sac, n'ayant pas exigé moins de 24 heures de voiture.

Mais je pus constater que l'accouplement se continuait jusqu'à la fin d'août, époque à laquelle toutes les sauterelles périrent en très peu de jours. Après avoir enlevé les cadavres, je découvris une quantité de pontes très alarmante ; il y avait littéralement autant de coques ovigères que de terre !

J'ai supposé, à ce moment, que l'alimentation très riche que je donnais aux stauronotes (luzerne, feuilles de chou, de salade, de vigne, etc.) avait assuré à mes pensionnaires une longévité et une fécondité anormales ; et je n'ai pas osé porter à la connaissance du public intéressé des observations tout à fait contradictoires avec les renseignements fournis par les savants que le gouvernement nous envoyait pour arrêter le fléau.

Aujourd'hui, après les déclarations si précises de M. Targioni Tozzetti, qui, par sa réserve scrupuleuse et ses travaux consciencieux, jouit d'une autorité incontestée, je ne crains plus d'affirmer que, en Algérie comme en Italie, les marocains pondent plusieurs fois.

Cette étude du stauronote, par le professeur italien, contient de précieux renseignements. Il est bien regrettable que le Pèlerin n'ait pas été le sujet d'une observation aussi complète. J'ai bien découvert, par le fait du hasard et dans les circonstances que j'indique plus loin, que les femelles portaient, en arrivant dans le Tell, deux grappes d'œufs ; mais nous ignorons si ces mêmes femelles n'avaient pas déjà effectué des pontes nombreuses avant d'envahir notre région : tout semble appuyer cette supposition.

Une dépêche officielle de Boghar annonce, le 15 septembre 1891, l'arrivée, dans ce territoire, d'un vol considérable de sauterelles pèlerins. Est-ce un nouvel *essaimage* qui commence ? Ne serait-ce pas plutôt le produit d'une première ponte, effectuée dans le Sud par les vols qui devaient ensuite gagner jusqu'aux dunes de notre littoral ?

CHAPITRE III

Arrivée des sauterelles

Tous les colons se rendaient compte du danger qui les menaçait ; et le sentiment d'épouvante qui frappa la population à l'arrivée des premiers vols était trop naturel.

Depuis plus de 15 jours, les sauterelles avaient pénétré dans l'Est de la Mitidja, par les gorges de l'Isser et la vallée du Boudouaou, lorsque le 29 mai, un vol de 120 kilomètres de largeur sur une profondeur variant entre 20 et 60 kilomètres, vint s'abattre sur la plaine et sur le Sahel, couvrant toute la région du Tell, depuis l'Alma à l'Est jusqu'à Cherchell à l'Ouest, depuis l'Atlas au Sud, jusqu'aux dunes du littoral au Nord.

Nous ne pouvons pas établir, entre cette invasion et les précédentes, de comparaison rigoureusement mathématique ; qu'il me suffise de dire que, dans le territoire civil du département d'Alger, 100 communes sur 102 furent couvertes de sauterelles, et on comprendra l'affolement général qui s'empara des populations.

La Société d'agriculture avait recommandé aux colons de défendre individuellement leurs propriétés en les entourant de nuages artificiels, de fumées intenses, qui devaient infailliblement arrêter la marche des vols. On protégerait ainsi les cultures intensives, en refoulant l'ennemi dans les terrains incultes ou dans les chaumes.

Les premières expériences ne laissèrent aucun doute

sur l'inefficacité complète de ces foyers. Et ce premier échec ne pouvait pas contribuer à relever le moral des intéressés.

On vit alors préconiser les moyens les plus burlesques pour l'éloignement des vols qui menaçaient de s'abattre dans les vignobles et dans les cultures maraîchères.

Un personnage recommandait gravement l'emploi de bombes qui, lancées d'après les calculs de la balistique la plus savante, viendraient éclater sous les bandes de sauterelles, les disperseraient et en changeraient la direction. Bien mieux : « Par l'exagération des principes » délétères contenus dans ces pièces, et qui par leur » expansion rapide, agiraient sur l'organisation des » acridiens, on provoquerait la chute des vols, immédia- » tement suivie d'écrasements par des procédés perfec- » tionnés. »

Un autre émettait l'avis qu'on pourrait éloigner l'ennemi, en faisant courir, à travers les vignes, des cavaliers armés de cerfs-volants.

Un troisième proposait tout simplement de déployer sur le front des cultures menacées, une ligne de tirailleurs qui arrêteraient les bandes ailées en les mitraillant avec de la cendrée !

Ces différentes tactiques, dont nous sourions aujourd'hui, étaient discutées dans le public ; je les relate ici comme une indication de l'état des esprits.

Si les nuages artificiels ont trompé l'attente de ceux qui les préconisaient, tout le monde a pu constater que des bruits violents et continus (coups de fouet, bidons à pétrole frappés avec des bâtons, grelottières de chevaux, etc.), empêchaient les sauterelles de s'abattre ; des bandes d'étoffe, flottant au bout de longues perches, produisaient le même effet.

Personnellement, j'ai protégé, avec cinq hommes par

hectare, des cultures très délicates, qui sans cette précaution, eussent été infailliblement dévorées en quelques heures. Pour les vignes, j'estime que, suivant
l'intensité des vols et l'imminence de l'accouplement,
deux, trois ou quatre hommes par hectare peuvent
suffire à éloigner les sauterelles.

CHAPITRE IV

Pontes successives

On avait bien constaté que les sauterelles ne s'attaquaient pas à la vigne. Mais contrairement à la légende,
on ne pouvait plus espérer qu'elles mourraient après
une première ponte. Quinze jours avant l'invasion générale de la plaine, je m'étais rendu à St-Pierre-St-Paul où
la Société de viticulture possède un vignoble qui venait
d'être totalement couvert par les premiers vols. En
ouvrant l'abdomen d'un grand nombre de femelles, pour
suivre le développement de la grappe ovigère, je remar-
quai au-dessus de cette grappe un second groupe d'œufs
beaucoup moins avancés que ceux prêts à être pondus.
Je pus constater que les deux grappes se développaient
régulièrement.

Au moment de la ponte, j'ouvris une femelle qui venait
de déposer dans le sol une coque contenant le nombre
d'œufs habituel (de 80 à 90), et je trouvai dans l'abdomen
une deuxième grappe en formation, mais déjà assez
avancée. J'ai renouvelé l'expérience sur un grand nombre
de femelles, et toujours j'ai constaté l'existence d'une
deuxième grappe.

Il n'y avait plus de doute à conserver. Les sauterelles
ne mouraient pas après une première ponte, comme on
l'avait cru jusqu'à ce moment. Bien plus, en suivant de
près les évolutions des vols abattus sur nos vignes, il
me fut facile de me convaincre que les sauterelles, qui
n'avaient pas fait de dégâts appréciables au moment de
l'arrivée ni pendant l'accouplement, s'attaquaient à la
vigne dans l'intervalle des deux pontes, alors que

d'autres femelles paraissaient languissantes, s'envolaient avec peine à quelques pas et devenaient bientôt complètement inertes.

Un certain nombre de femelles étaient donc arrivées au terme de leurs pontes, et devaient mourir très prochainement ; mais la plupart portaient, à leur arrivée dans nos régions, deux grappes d'œufs, et présentaient un réel danger pour la végétation.

Cette découverte fut rapidement confirmée par les observations de mes voisins, dont j'avais attiré l'attention sur cette particularité.

Elle changeait radicalement le système de défense adopté. Aussi, me suis-je empressé de la faire connaître au Comité central de Défense du département, par une dépêche en date du 14 mai.

Il est profondément regrettable que ce fait n'ait pas été signalé en temps utile par les envoyés spéciaux du ministère qui, depuis le 12 janvier, avaient appris comme tout le monde que l'Algérie était menacée d'une invasion générale, et qui, depuis deux mois, auraient pu étudier la particularité que j'ai signalée, sur les vols arrivés sur les oasis du Sud, envahis plusieurs semaines avant nos régions. Car il devenait indispensable de ne plus se contenter de chercher à éloigner les vols en escomptant leur destruction naturelle.

Il fallait empêcher la première ponte ou tout au moins la seconde, en écrasant les sauterelles partout où on pourrait les atteindre.

CHAPITRE V

Destruction des sauterelles. Écrasement. Ramassage.

La destruction des sauterelles est relativement facile, et ses résultats sont tellement considérables qu'on ne saurait trop recommander cette opération.

Pendant la période de l'accouplement, les sauterelles ne fuient pas devant l'homme. Avec quelques précautions, on peut en écraser une grande quantité, si on dispose de la main-d'œuvre suffisante.

En dehors de cette période, on peut aussi employer la destruction par l'écrasement sur place, mais ce travail ne peut être effectué que le matin, avant que le soleil n'ait réchauffé les animaux engourdis par la fraîcheur de la nuit, ou le soir au crépuscule.

Il est bien manifeste qu'en opérant ainsi, surtout avant la première ponte, on écarte tout danger d'éclosion.

J'ai fait effectuer le ramassage des sauterelles pendant cinq jours, de 4 heures à 7 h. 1/2 du matin; j'ai pu ainsi détruire à chaque reprise, de 30 à 36 quintaux de sauterelles.

La dépense, en payant les indigènes à raison de 1 fr. 50 par jour, et les contre-maîtres à 3 fr. 50, n'a pas dépassé 3 fr. 10 par quintal métrique.

Un grand nombre de municipalités, principalement sur le littoral, ont acheté les sauterelles au prix de 3 à 4 francs les 100 kilogs. Cette mesure est excellente; pratiquée dès les premiers jours de l'arrivée des vols, elle peut prévenir une et souvent deux pontes des femel-

les. Malheureusement, lorsqu'on se trouve en présence
d'une invasion générale, il est presque impossible de
réunir le nombre d'hommes nécessaire à ce travail, et
bien souvent nos colons n'ont pu empêcher les sauterelles de déposer leurs œufs dans les cultures.

CHAPITRE VI

Pontes

Les pontes ont été particulièrement intenses partout où les sauterelles ont pu les effectuer sans être dérangées par les travailleurs. Dans les régions où elles étaient chassées sans relâche, quelques grappes d'œufs ont été trouvées dans les caillasses déposées le long des routes, et jusque sur des morceaux de bois, sur des fragments de bouchons déposés par les vagues sur les dunes du littoral. J'ai même constaté que certains petits vols pondaient pour ainsi dire en l'air, au moment où ils touchaient la terre, qui se trouvait rapidement couverte d'œufs. Pourchassées sans relâche, elles n'avaient pas eu les quelques heures indispensables pour forer le sol. Mais, chaque fois que les femelles ont pu occuper librement les terrains auxquels elles confiaient les coques ovigères, elles ont révélé par un choix judicieux une grande prudence intuitive.

Elles ont toujours adopté de préférence un terrain qui réunît les trois conditions suivantes :

1° La facilité de pénétration pour les anneaux déroulés de l'abdomen de la pondeuse ;

2° Le degré de fraîcheur indispensable au développement des œufs ;

3° Le pouvoir absorbant suffisant pour assurer la chaleur nécessaire aux œufs.

L'instinct qui pousse ces animaux à entourer leurs coques de toutes les conditions favorables, explique

suffisamment ce fait, plusieurs fois observé et signalé :
à chaque invasion, ce sont toujours les mêmes propriétés et les mêmes parcelles de ces propriétés qui
sont contaminées de pontes.

Des renseignements communiqués de tous les points
du département, il résulte que, lors de la dernière invasion, les sauterelles ont pondu de préférence :

1° Dans tous les terrains sablonneux, bords ou lits
desséchés des oueds, dunes du littoral, sauf dans les
parties trop sèches ou trop humides, ces deux circonstances étant également défavorables au succès de
l'incubation ;

2° Dans les terrains argilo-schisteux, qui réunissent
toutes les conditions requises.

—

Lorsque dans un même terrain, une partie avait été
récemment remuée par le labourage ou le piochage et
qu'une pluie postérieure à ce travail avait rendu au sol
une consistance suffisante sans le durcir, tandis qu'une
autre partie n'avait pas été travaillée depuis plusieurs
mois, les sauterelles ont toujours choisi la première
partie, la plus ameublie.

Chaque fois que, trompées par leur instinct ou pressées
par la nature, les femelles ont pondu dans les terrains
argileux, la partie supérieure de la coque, enserrée
dans la croûte superficielle produite par les chaleurs de
la saison, a été détruite, parce que les œufs n'ont pu se
développer ; mais souvent la partie inférieure, pouvant
librement se dilater, a donné lieu à une éclosion partielle.

Lorsque la sécheresse atteignait 10 centimètres de
profondeur, la destruction était complète. Lorsqu'elle

s'arrêtait à 6 ou 7 centimètres, la destruction était proportionnelle à la partie desséchée.

Ainsi un vol de 4 kilomètres de long sur 8 à 900 mètres de large s'est abattu le 9 juin dans les gorges de l'Oued-Hamidou, à 10 kilomètres du village de l'Arba. Ce vol s'est accouplé et a pondu, dans les mêmes terrains occupés précédemment par les pontes des premières bandes arrivées le 29 mai. Je m'attendais à une éclosion formidable sur ce point, et j'avais pris les mesures nécessaires.

Mes collaborateurs et moi nous avons été surpris de nous trouver en face d'une éclosion insignifiante, alors que la première, très intense, avait nécessité les efforts les plus énergiques. L'incubation de la deuxième ponte avait été compromise par la température très élevée que nous avons eu à supporter entre le 10 juin, jour de la ponte, et le 1er juillet, date de la deuxième éclosion.

CHAPITRE VII

Nécessité d'établir, dans chaque commune, une carte

des lieux de pontes.

Dans la commune de l'Arba, en particulier, les vols de sauterelles, chassés sans trève ni repos des riches cultures couvrant la partie du territoire située dans la plaine, n'ont pu pondre normalement que sur le bord des oueds, et dans les cultures arabes.

Même réduites à ces surfaces, les pontes n'en occupaient pas moins un tiers du territoire (5,000 hectares sur 15,000) ; car plus de 4,500 hectares étaient contaminés dans les tribus, et les berges des rivières présentent un développement de près de 100 kilomètres.

Comme maire, j'avais fait dresser une carte de ces pontes, très détaillée, dont on trouvera plus loin une reproduction photographique.

Ce travail préparatoire, partout où il a été confié à des agents intelligents et consciencieux, a rendu les plus grands services. Il a permis d'abord de poursuivre la destruction des œufs, et plus tard, de surveiller les éclosions et de les anéantir dès qu'elles se produisaient.

La Préfecture avait demandé le même travail à toutes les municipalités. On ne saurait trop approuver cette mesure. Si nous avons à combattre une nouvelle invasion, la préparation de cette carte devra être entourée, dans chaque commune, des plus grands soins. En centralisant ces documents, l'administration pourra dresser une carte d'ensemble, se rendre un compte exact du danger, et préparer, en temps utile, un plan de campagne tout à fait rationnel.

—

La nappe de sauterelles qui avait couvert toute la plaine de la Mitidja et les coteaux du Sahel, disparut après un séjour d'une durée variant entre 6 et 10 jours, employés à la fécondation et aux pontes.

Les femelles, aussitôt après avoir effectué la dernière ponte, devenaient languissantes, et la plupart sont mortes sur place. Je dis la *dernière* ponte, et non la *deuxième*, car je ne sais pas si les mêmes femelles, dans lesquelles j'ai trouvé deux grappes d'œufs, n'avaient pas déjà infesté un ou plusieurs points des territoires qu'elles avaient traversés avant de s'abattre dans nos régions.

Des bandes nombreuses, que l'on peut supposer composées surtout d'insectes mâles, sont parties pendant la nuit, de sorte qu'il n'a pas été possible d'observer la direction qu'elles ont prise.

Le même fait se reproduit pour toutes les invasions : qu'il s'agisse des premières sauterelles arrivées, ou des criquets éclos sur nos territoires et y prenant leurs ailes, un beau matin les populations constatent que les hordes redoutées, poursuivant leur migration, ont quitté la contrée.

Nous sommes en droit de supposer que le plus grand nombre de ces vols s'est noyé dans la Méditerranée. Pendant plusieurs jours, les bateaux quittant notre port ou s'y dirigeant virent s'abattre sur leur pont des nuées de sauterelles ; parfois elles inondaient les salons, et envahissaient même les cabines des passagers.

D'autre part, la mer rejeta sur les dunes un grand nombre de cadavres ; sur plusieurs points, la quantité de ces corps était si considérable qu'il fallut les enfouir, pour éviter les dangers que présentait leur putréfaction au grand air.

CHAPITRE VIII

Destruction des Pontes

Les populations, heureuses de se voir délivrées de ce premier ennemi, ne pouvaient accorder une grande attention aux circonstances qui avaient entouré le départ des sauterelles.

On savait que le Tell tout entier n'était qu'un vaste tapis de pontes. Sur certains points, ces pontes présentaient une intensité invraisemblable. Tous les colons ont vu des mottes de terre, où les coques ovigères étaient juxtaposées l'une à l'autre, comme les cigarettes dans un étui; un paquet de cartouches de revolver, calibre 9, en donnerait encore une idée très exacte. Une grande partie du territoire de certaines communes se présentait sous cet aspect.

Les légions innombrables de criquets qui sortiraient du sol constitueraient un danger bien autrement redoutable que les sauterelles, dont, en somme, les dégâts avaient été de peu d'importance. On se préoccupa tout d'abord d'atténuer la proportion des éclosions.

Les colons qui avaient été témoins et victimes de l'invasion de 1874 se rappelaient qu'à cette époque, on avait détruit une quantité très appréciable de pontes par le piochage et le labourage.

Ce mode de destruction des coques ovigères est complètement rationnel. En signalant plus haut l'instinct qui guide les femelles dans le choix des terrains auxquels elles vont confier leurs œufs, j'ai dit qu'un certain degré de fraîcheur était nécessaire pour le succès de l'incubation. Si par la pioche ou la charrue, on arrive à diviser suffisamment le sol, de manière à ne pas laisser de mottes assez volumineuses pour conserver au centre la fraîcheur indispensable au développement des œufs, il est certain qu'il n'y aura pas à craindre d'éclosion sur une propriété ainsi traitée.

Ce procédé, excellent en théorie, n'a pas toujours donné, dans la pratique, des résultats satisfaisants. Si l'on pouvait arriver à ramener à la surface du sol toutes les coques ovigères, pas un œuf n'échapperait à la destruction par l'action du soleil.

Malheureusement, quelque soin qu'on apporte à ces travaux, on ne peut obtenir un résultat aussi complet. Dans les terres suffisamment consistantes, un piochage minutieux, un labourage soigné suivi d'un ou de plusieurs hersages croisés, peuvent bien assurer la destruction totale, ou au moins partielle, d'une grande quantité de coques ovigères.

Il n'en est pas de même dans les lits des rivières ou dans les dunes du littoral, dont les sables sont simplement *remués,* mais non suffisamment *retournés* par la pioche ou la charrue.

L'insuccès partiel de certains labours, effectués avec plus de rapidité que de méthode, provient de ce que la terre du premier sillon se trouvait presque immédiatement au trois quarts recouverte par la terre du sillon suivant. Dès lors, le soleil ne pouvait plus assurer le dessèchement complet. Pour obvier à cet inconvénient, il est de toute nécessité de donner un premier trait de charrue à l'aller et au retour, dans chaque rangée de vignes ; 48 heures après, on ajoute, dans chaque rangée, deux nouveaux sillons, et ainsi suite ; de sorte que l'intervalle qui sépare deux rangs de vignes se trouve totalement labouré au bout de 8 à 10 jours.

Des *hersages,* de préférence croisés chaque fois que la plantation le permettra, compléteront très utilement ce travail.

Si les coques ovigères sont très rapidement attaquées

par notre soleil d'été, elles présentent, dans des conditions ordinaires, une certaine puissance de résistance. Des mottes de terre de 2 ou 300 centimètres cubes, déposées simplement sur une assiette ou dans un bocal ouvert, mais placé à l'ombre, ont donné des éclosions normales. Le changement de climat lui-même n'arrête pas l'incubation. Je puis en citer une preuve assez piquante ou tout au moins originale.

Il y a peu de temps, quelques mottes de terre étaient envoyées à un des grands établissements scientifiques de la capitale, comme spécimen de l'intensité des pontes. Le savant à qui elles étaient adressées s'empresse, naturellement, de les déposer dans un carton, et retourne à ses chères études. Quelques semaines après, les employés constatèrent qu'un certain nombre de plantes des collections étaient dévorées par un insecte inconnu jusqu'à ce jour dans les galeries voisines, où se trouvaient pourtant des échantillons de la faune du monde entier.

Les spécialistes consultés, déterminèrent l'acridium pérégrinium, le vulgaire criquet pèlerin. On se rappelle les mottes envoyées d'Algérie ; on les retrouve bien dans les cartons, mais les coques ovigères étaient vides, et le criquet, qui semblait devoir être le triste apanage de l'Afrique septentrionale avait, à son tour, jeté les bases d'une colonie sur les bords de la Seine.

Des expériences plus méthodiques ont été faites par le ministère de l'agriculture des États-Unis pour établir la résistance des pontes des acridiens à l'humidité et au froid.

(Nous trouvons ces expériences relatées dans le *Bulletin du comice agricole de Médéa*, février 1887).

.... Pour faire ces expériences, les œufs furent recueillis dans les premiers jours du mois de novembre 1877, à Manhattan (Kansas). — On plaça soigneusement ces grappes dans la terre, dans leurs conditions normales, et dans des boîtes en fer-blanc que l'on pouvait changer de place à volonté ; ces opérations commencèrent le 10 novembre 1877 et se terminèrent en avril 1878.

1re SÉRIE. — EXPÉRIENCES AYANT POUR BUT

DE DÉTERMINER LES EFFETS DE LA GELÉE SUR LES ŒUFS

DES LOCUSTES

« *Première expérience.* — 50 grappes d'œufs furent
» exposées à la gelée et à l'air libre, du 10 novembre
» 1877 au 10 janvier 1878. — Rentrés ensuite dans l'inté-
» rieur des appartements, ces œufs commencèrent à
» éclore vingt jours après, et continuèrent ainsi jus-
» qu'au 38ᵉ jour ; à cette date, tous avaient éclos. —
» *Cinquième expérience.* — Un lot de cent grappes
» d'œufs est mis alternativement, et pendant une se-
» maine, à la gelée d'abord, et rentré ensuite dans
» l'intérieur des appartements. Pendant les quatre pre-
» mières semaines d'exposition à l'air libre, ces œufs
» furent continuellement gelés, et ils dégelaient ensuite
» pendant les semaines qu'ils passaient à l'intérieur. Ils
» commencèrent à éclore pendant les quatre semaines
» qu'ils passèrent dans les appartements, et continuèrent
» ainsi jusqu'à la septième. »

Dans cette série d'expériences, il a été constaté que des grappes d'œufs ont pu être gelées et dégelées 12 fois pendant la saison d'hiver, sans perdre leur vitalité. Remis ensuite dans la terre humide et dans des condi-tions normales, les œufs faisaient leur éclosion comme s'ils eussent été abandonnés aux lois naturelles de leur existence.

2ᵉ SÉRIE. — EXPÉRIENCES AYANT POUR BUT DE DÉTER-
MINER LES EFFETS DE LA SUBMERSION SUR LES ŒUFS
DES LOCUSTES.

10ᵉ Expérience. — « Dix grappes d'œufs sont tenues
» sous l'eau et à l'intérieur des appartements, du 5 au
» 26 décembre 1877 ; à cette époque l'eau s'est corrom-
» pue. Les œufs sont alors sortis de l'eau et placés
» dans la terre humide, à une température propre à les
» faire éclore. L'éclosion commence le 11 janvier et
» continue jusqu'au 5 février ; à cette date tous les
» œufs sont éclos. »

3ᵉ SÉRIE. — EXPÉRIENCES AYANT POUR BUT DE DÉTER-
MINER LES EFFETS DE L'AIR LIBRE SUR LA VITALITÉ
DES ŒUFS.

27ᵉ Expérience. — « Un grand nombre de grappes
» d'œufs sont partiellement désagrégées et disséminées
» en plein champ à la surface du sol, dans les premiers
» jours de novembre 1877. Le 19 mars 1878 les œufs de
» la couche extérieure sont vides et détruits ; mais les
» œufs de l'intérieur de la grappe ont leur embryon
» bien conservé. Placés dans la terre ils firent éclosion. »

4ᵉ SÉRIE. — EXPÉRIENCES RELATIVES AUX EFFETS DE
L'ENFOUISSEMENT DES ŒUFS DANS LA TERRE A DIFFÉ-
RENTES PROFONDEURS.

33ᵉ Expérience. — « Dix grappes d'œufs sont enterrées

» à 6 pouces de profondeur, dans les premiers jours de
» novembre et à l'intérieur des appartements. Le pre-
» mier février, les locustes commencent à sortir par les
» côtés de la boîte et continuent ainsi jusqu'au 4 du
» même mois. A cette date la terre fut fortement com-
» primée ; le passage des locustes fut alors intercepté. »

De ces expériences, dit le Comice agricole de Médéa,
nous pouvons conclure que le travail de la charrue, tel
qu'il est effectué, dans les tribus surtout, constitue une
opération très préjudiciable aux intérêts de l'agriculture,
sans donner aucun résultat pratique comme moyen de
destruction.

Il est certain que le résultat de ces expériences est
très concluant : la vitalité des œufs n'est pas compromise par l'immersion prolongée ni par la gelée
répétée. L'expérience se renouvelle depuis plusieurs
années, dans les régions de l'Algérie infestées des
pontes des marocains, et recouvertes de neige et de
glace pendant plusieurs semaines. Les œufs ne paraissent pas souffrir des intempéries, car chaque printemps
nous ramène une éclosion générale dans ces régions.

Mais je m'occupe surtout de l'acridium pérégrinium ; et
même dans le cas où ses œufs seraient moins réfrac-
taires que ceux de son congénère américain, il n'est pas
vraisemblable qu'on puisse recommander de détruire
par l'immersion ou la congélation, des pontes effectuées
en juin, par des températures de 30 à 40 degrés, dans des
régions où il ne pleut pas pendant les quatre à cinq mois
de l'été.

Le ministère de l'agriculture n'a pas cherché la destruction de son ennemi par l'action de la chaleur. Or
tout ce que j'ai dit plus haut des effets du labourage et
du piochage sur les coques ovigères, montre que la
chaleur est un puissant agent de destruction. Et je
n'hésite pas à poser en principe indiscutable que tout

œuf, exposé pendant une journée à l'action directe de la chaleur solaire, est irrémédiablement desséché et détruit.

Le but recherché par le ministère américain n'a aucune analogie avec la situation qui nous intéresse ; et de ce que le froid ni l'eau n'avaient pas réussi à Washington, le comice de Médéa ne peut pas conclure à l'inefficacité des travaux destinés à exposer les œufs à la chaleur du soleil.

Le fait a été constaté tous les jours par tous les colons, sur tous les points du département où, par un travail quelconque, des coques ovigères ont été amenées à la surface du sol.

Au lieu du piochage ou du labourage qui ne sont réellement efficaces que dans les terres bien ameublies, on a voulu, par une application encore plus rigoureuse du même principe, faire ramasser les coques ovigères dans les régions où les pontes, moins denses, ne nécessitent pas un travail général du sol.

Dans cette opération, la dépense de la main-d'œuvre est tout à fait hors de proportion avec l'effet utile.

Ce procédé a le très réel avantage de permettre la destruction radicale des coques ramassées. Mais, en comparant la quantité de coques ramassées en une journée par un homme, et le nombre de criquets, que, pour le même prix, le même homme pourra détruire, je n'hésite pas à conseiller de réserver pour la destruction des criquets, après l'éclosion, les crédits particuliers ou administratifs que l'on pourrait être tenté d'affecter à payer le ramassage des œufs.

L'administration, en encourageant ce procédé de destruction, a voulu souvent venir en aide aux indigènes, dont les céréales avaient été ravagées par les sauterelles ; elle atteindrait le même but par la rémunération des journées employées à la destruction des criquets, et les résultats de la lutte seraient plus pratiques et surtout plus efficaces.

Le labour d'un hectare de vigne couvert de pontes ne dépasse pas 50 francs ; la recherche des œufs dans des terrains incultes nécessite un travail équivalent à un défrichement régulier, et peut atteindre 800 francs, par suite du temps employé à émietter chaque motte.

La dépense engagée dans ces conditions est tout à fait hors de proportion avec les résultats qu'on en peut retirer.

Dans la destruction des pontes, les colons ont été secondés, mais dans des proportions très faibles, par la nature.

J'ai dit plus haut que des vols de sauterelles, pourchassées sans répit au moment de la ponte, n'avaient pu choisir les terrains auxquels leur instinct aurait voulu confier les œufs.

On a vu quelquefois des femelles laisser tomber, en volant, leur grappe ovigère, qui se trouvait ainsi vouée à un dessèchement immédiat ; d'autres vols ont dû effectuer les pontes dans des terrains trop secs, ou à une profondeur insuffisante, de sorte que les œufs ne trouvant plus le degré de fraîcheur nécessaire à leur développement, n'ont pu se former ; sur d'autres points, ils ont été détruits par l'humidité excessive des terrains contaminés.

Enfin, plusieurs propriétaires, en étudiant plus minutieusement les phases de l'incubation, ont constaté dans un certain nombre de coques, la présence d'une larve blanche qui détruisait une partie de la grappe.

Cette larve, déposée vraisemblablement dans la coque immédiatement après la ponte par une mouche, donne naissance à un ver blanc dont les savants auront certainement déterminé l'espèce, la variété et la famille. Il n'est pas probable qu'ils puissent nous indiquer les moyens de reproduire artificiellement ce précieux collaborateur ; mais nous aurons du moins la satisfaction de voir enrichir notre vocabulaire d'un imposant substantif en *ix* ou en *um ;* et les services rendus à la colonisation par les envoyés spéciaux du ministère (30 francs par jour ; discours de M. Constans au Sénat), ne seront plus contestés !

M. le Préfet, au cours de ses longues tournées dans les territoires envahis chaque année par les sauterelles marocains, a constaté à plusieurs reprises le concours très utile des oiseaux pour la destruction des coques ovigères. Des vols nombreux de *gangas* s'abattent sur les terres récemment retournées, et y picorent des quantités incroyables d'œufs. Le concours de cette perdrix est très précieux ; cependant il n'est pas probable que la disparition presque complète de cet oiseau soit, comme on l'a prétendu, une des causes des invasions actuelles. — Je reconnais les progrès incessants du braconnage dans la région des Hauts-Plateaux, mais il ne faut pas perdre de vue que les sauterelles ravageaient déjà le royaume des Pharaons, alors que les chasseurs ne disposaient encore que d'un arsenal peu redoutable pour les compagnies de gangas.

CHAPITRE IX

Durée de l'incubation.

Malgré le concours des agents naturels, et même après des travaux de destruction réguliers, un très grand nombre des coques ovigères continuent leur évolution, et, livrées à une incubation normale, préparent l'éclosion générale, qui constitue le danger sérieux de toute invasion.

La fixation de la durée de l'incubation est d'une importance capitale. Le colon doit savoir sur combien de jours il peut compter pour détruire le plus grand nombre possible de pontes, pour préparer le matériel et prendre toutes les dispositions en vue de l'éclosion.

On ne peut assigner une durée fixe à l'incubation des œufs de sauterelles. — Un œuf, d'après la très intéressante communication faite par M. le docteur Bourlier au Comité de défense, doit, pour arriver à l'éclosion, absorber un certain nombre de calories ou unités de chaleur, et ce nombre est constant pour chaque espèce.

Dans toutes les fermes, pour ne parler que de la basse-cour, on sait que l'œuf de la poule doit être couvé 21 jours, l'œuf de la cane et celui de la dinde 30 jours ; les quelques heures qui séparent l'éclosion des œufs d'une même couvée s'expliquent précisément par ce fait que ces œufs, suivant qu'ils occupent le centre ou les bords du nid, ne sont pas soumis à une distribution rigoureusement uniforme de la chaleur fournie par la couveuse.

Rien de semblable ne se produit pour les grappes d'œufs confiées à la terre. Ici la chaleur n'est plus fournie par un foyer constant et régulier, mais par la température ambiante qu'un grand nombre de circonstances peuvent faire varier.

En premier lieu, il faut placer la température extérieure : la terre, dans sa surface, n'a pas de chaleur propre ; elle reçoit la chaleur du soleil ; elle en recevra d'autant plus que cette chaleur sera plus vive. Mais tous les sols n'absorbent pas également les rayons caloriques ; tout le monde a pu constater que les sables des dunes, par exemple, sont, toutes conditions d'exposition égales, beaucoup plus chauds que des terres blanches situées à quelques mètres.

La profondeur à laquelle ont été placées les coques ovigères présente aussi une certaine influence sur la durée totale de l'incubation.

C'est pourquoi, il n'est pas possible de fixer un nombre de jours immuable et constant.

Mais, d'après les observations faites cette année par les colons, de tous les côtés et dans les conditions les plus diverses, observations dont le résultat a confirmé les renseignements que j'ai signalés dans le rapport du préfet sur l'invasion de 1874, il est facile de déterminer, pour chaque région, une durée approximative, qui puisse servir de base à la préparation de la lutte contre les criquets attendus.

Dans les sables frais et dans les graviers légers, les premières éclosions se sont produites *seize* jours après la ponte ; dans les terres cultivées de la plaine et du Sahel, la durée de l'incubation a été en moyenne de *vingt à vingt-deux jours*. Dans quelques terres blanches les œufs sont éclos après une période encore plus prolongée.

Les chiffres que je viens de citer s'appliquent à l'apparition des premiers criquets. Tous les œufs n'éclosent pas le même jour ; sur un des vignobles de la Société de Viticulture, les éclosions ont duré du 15 au 23 juin, c'est-à-dire huit jours.

La lutte contre un ennemi qui se présente ainsi par petites fractions est plus facile; les chances de succès sont plus grandes, mais elle est forcément plus coûteuse, puisqu'elle nécessite des chantiers en permanence pendant plusieurs semaines.

On discutait encore sur la durée probable de l'incubation, lorsque les premières éclosions vinrent surprendre la plupart des intéressés au milieu de leurs préparatifs de défense. L'administration préfectorale avait bien fait distribuer aux communes les plus menacées tous les insecticides qu'elle avait pu réunir; mais la contamination ayant atteint tout le département, les engins de destruction n'avaient pu être confectionnés en quantités suffisantes, et tout le matériel disponible était immobilisé par la défense contre les criquets marocains qui couvraient déjà toute la région des Hauts-Plateaux, et qui menaçaient de descendre dans la plaine.

Dans ces circonstances critiques, le Comité central de défense, constitué pour travailler à l'organisation de la lutte dans la Mitidja et dans le Sahel, a pu rendre à ces régions les plus grands services. Non seulement, par des démarches réitérées auprès des pouvoirs publics, il a fait accorder aux colons le concours de la main-d'œuvre militaire dans la plus large mesure; non seulement il a obtenu de toutes les compagnies de chemins de fer de la métropole, le transport à grande vitesse, avec tarifs réduits, de tous les engins et ingrédients employés à la destruction des criquets; mais encore, par ses commandes personnelles, il a pu réunir près de 400 kilomètres d'appareils, qui, mis à la disposition des communes ou des particuliers dès les premières éclosions, ont beaucoup contribué à relever le moral des populations.

En même temps le Préfet, se montrant fréquemment sur tous les points menacés, imprimait à la défense la **vigueur** et l'énergie qui devaient assurer le succès final.

CHAPITRE X

Destruction des criquets

§ Ier. — ÉCLOSION

La destruction des criquets a été, sans contredit, la phase de la lutte conduite avec le plus de méthode et de résultats. La presse algérienne, toujours dévouée aux intérêts de la colonie, a montré la plus louable émulation pour tenir le public au courant de toutes les méthodes expérimentées sur les différents points du département.

A plusieurs reprises, le Préfet lui-même, réunissant dans une mairie un grand nombre de propriétaires des communes voisines, rendait compte des résultats obtenus dans le Sud contre les criquets marocains, par chaque procédé de destruction, et indiquait ceux de ces procédés qui devaient être adoptés de préférence dans la région à laquelle appartenaient les auditeurs.

Dans ma commune j'ai, sans tâtonnements, mis en pratique les moyens de destruction que j'avais vu employer avec succès dans la région des Hauts-Plateaux, depuis plusieurs années.

La lutte contre les criquets se divise en deux points bien distincts ; il faut préserver les cultures : *1° des acridiens nés sur la propriété même ; 2° de ceux qui peuvent venir du dehors.*

Dans les centres de colonisation, la destruction par chaque commune des criquets éclos sur son territoire constitue la partie essentielle de la lutte.

Il est manifeste que si chaque région pouvait être
ainsi purgée, non par le départ, mais par la mort même
des acridiens qu'elle vient de produire, il n'y aurait plus
à craindre l'arrivée de ces colonnes formidables de criquets qui détruisent toute la végétation sur leur passage.

Mais, si on peut poursuivre ces résultats dans les centres où l'élément européen a créé des cultures intensives, et ne néglige rien pour les préserver, on ne peut
espérer obtenir des indigènes qu'ils apportent à la lutte
la même opiniâtreté.

Nous avons tous vu que des rapports même quoti-
diens avec les colons n'ont pas atténué, chez les musul-
mans, le fatalisme, fond de leur philosophie.

Pour un grand nombre d'entre eux, les sauterelles
étaient envoyées par Dieu ; tout bon croyant devait les
respecter ; et, pendant quelques jours, les propriétaires
obtenaient avec beaucoup de difficultés le concours des
Arabes, pour la destruction des premiers vols qui vinrent
s'abattre dans nos régions.

A Inisfallen, un champ de tabac, voisin de nos vignes
et appartenant à un indigène, eut la moitié de ses plants
dévorés par les sauterelles, qui, trouvant là un sol
favorable à la ponte et la tranquillité nécessaire à leurs
amours, s'accouplèrent sur le champ et le criblèrent de
coques ovigères. Quelques jours après, les sauterelles
envolées, je ne fus pas peu surpris de voir mon voisin
remplacer soigneusement tous les pieds de tabac dévorés précédemment. Je lui fis observer qu'il serait plus
prudent de sa part de détruire les pontes qui infestaient
son champ, que de préparer une nourriture aux criquets
qui allaient bientôt sortir de sa terre. « Mes semis ont
réussi ; Allah a donc voulu que j'aie le moyen de re-
planter ce qui serait mangé par les sauterelles. »

Et comme j'insistais pour lui faire comprendre que le
tout pourrait être dévoré par les criquets : « Si les
criquets mangeaient mon tabac, c'est Allah qui m'aurait

inspiré la pensée de le planter, pour que ces bêtes trouvent à manger en venant au monde. »

Quinze jours plus tard une formidable éclosion se produisait dans cette culture ; et les criquets, obéissant à des instincts de migration dont on n'a pas encore pénétré les lois mystérieuses, quittaient le champ sans avoir commis le moindre dégât.

La foi robuste du croyant était récompensée. Je n'en persiste pas moins à penser que ce système de défense ne pourrait pas être généralisé sans présenter de sérieux inconvénients pour les régions voisines.

Les populations européennes s'inspirant plutôt du vieil adage : Aide-toi, le ciel t'aidera, ont montré un grand empressement non seulement à défendre leurs propriétés particulières, mais aussi à se porter au secours de leurs voisins ; et j'ai pu dans mon rapport, citer l'exemple de ma commune où 6,000 journées de réquisition ont été fournies sans donner lieu à aucune réclamation.

Cette circonstance était d'autant plus favorable que la main-d'œuvre est le principal facteur de la première partie de la lutte.

Aussitôt que les criquets sont éclos, ils se réunissent à la surface du sol, où ils forment, le premier jour, des taches grisâtres.

Dès le moment où ils sortent de l'œuf, ils sont extrêmement vifs, et, à la tombée de la nuit, ils grimpent sur les pieds de vignes, ou sur d'autres plantes quand l'éclosion a lieu en dehors des vignobles. Ils montrent déjà cet instinct de sociabilité dont on a observé tant de curieuses manifestations. Ainsi, ils adoptent, dans l'espace de quelques mètres carrés, un pied de vigne, qu'ils couvrent complètement, délaissant les pieds voisins.

On a dit que les criquets ne mangeaient qu'au troisième ou quatrième jour. C'est une erreur. Dès la première nuit ils s'attaquent aux feuilles, qu'ils dévorent à la façon des chenilles d'altises, et, dès le second jour leurs mandibules sont assez puissantes pour décortiquer les ceps.

Il faut donc les détruire au fur et à mesure des éclosions.

Le travail est facilité par le peu de résistance des téguments ; pendant les trois premiers jours, le moindre choc est funeste à l'acridien, et à ce moment les liquides insecticides agissent contre lui à doses relativement très faibles.

§ II. — Destruction des criquets dans les broussailles, chemins, lits des oueds, etc.

On ne peut pas procéder de la même manière dans les cultures que dans les terres en friche ou dans les broussailles. — Dans le lit des rivières, sur les berges, le long des routes, on fait passer les travailleurs armés de balais confectionnés spécialement pour cet usage. — Je recommande tout particulièrement l'emploi des branches de lauriers-roses ; elles sont flexibles, assez résistantes, et s'adaptent bien aux légères sinuosités du sol. L'approvisionnement en est assuré sur tout le cours des oueds et des rivières. Dans les régions où cet arbuste ne se rencontre pas en quantité suffisante, on peut le remplacer par des branches d'olivier ou de lentisque. Sur le littoral, on a employé avec succès de simples feuilles d'aloès.

Chaque homme, muni d'un balai, frappe sur les taches de criquets, assez vigoureusement pour que les branches pénètrent dans les petites anfractuosités qui pourraient offrir un abri à l'ennemi. Ce premier travail donne déjà d'excellents résultats.

Le soir, à la tombée de la nuit, les criquets échappés à la première battue ou éclos après le passage des travailleurs se réunissent sur une touffe d'herbes ou sur un arbuste. Lorsqu'ils sont ainsi groupés, on peut encore en détruire facilement de grandes quantités en projetant sur ces masses un liquide insecticide ou en les brûlant avec de l'essence de pétrole.

Le lendemain, on creuse de distance en distance, par un simple coup de pioche, des trous peu profonds ; des hommes espacés à un léger intervalle autour de cette fosse primitive, marchent lentement vers le centre, chassant devant eux avec des branches tous les criquets, qui jusqu'au quatrième ou cinquième jour se laissent guider avec la plus grande docilité, et viennent tous se jeter dans le tombeau préparé. Le fond est bientôt couvert de ces acridiens ; il n'est même plus besoin de veiller à ce qu'ils ne s'échappent pas ; accrochés les uns aux autres, ils forment une masse grouillante qui s'augmente à chaque instant des nouveaux arrivés. Lorsque les trous sont remplis, on donne simplement quelques coups de balai qui écrasent facilement tous les insectes, et on recouvre le tout de terre qu'on tasse fortement.

On procède de la même manière pendant les trois ou quatre jours qui suivent l'éclosion, parce que les criquets ne prennent pas encore de direction régulière, et qu'ils se laissent conduire en troupeaux.

Il faut avoir bien soin de ne pas imprimer à ces groupes une marche trop rapide, surtout pendant les heures chaudes de la journée. Sinon, les insectes, fatigués au bout de quelques minutes, se dispersent de tous côtés et il faut attendre la formation de nouveaux groupements.

Vers le cinquième jour, poussés par le vent ou obéissant à l'instinct de migration vers des pâturages plus savoureux, les bandes commencent à suivre une marche déterminée. Après avoir bien observé la direction adoptée par chaque bande, on creuse à quelques mètres en avant, des fossés de 15 ou 20 centimètres de profondeur et de 5 à 6 mètres de long ; la bande entière vient s'y jeter ; on la détruit en la faisant piétiner par quelques travailleurs, et on recouvre le fossé, toujours en ayant soin de tasser vigoureusement.

J'ai procédé de la sorte dans le territoire de ma commune, qui comprend plus de 100 kilomètres d'oueds ou de rivières ; je disposais d'un nombre d'hommes suffisant ; tous les matins, à 9 heures, il ne restait pas trace des criquets éclos dans les dernières 24 heures.

§ III. — DESTRUCTION DES CRIQUETS DANS LES VIGNES
ET DANS LES CULTURES INTENSIVES

Dans les vignes, pendant les deux ou trois premiers jours, on opère de la même manière.

Pour assurer à leurs pontes la chaleur nécessaire à une rapide incubation, les sauterelles déposent toujours leurs œufs le plus loin possible des pieds de vignes, dans les parties les plus exposées au soleil. Au moment des éclosions, cette circonstance permet d'atteindre par les balais, sans danger pour la végétation, les taches de criquets, groupés sur le lieu même de l'éclosion.

Le lendemain, on creuse au milieu de la plantation et parallèlement aux rangs, de petits fossés dans lesquels il est facile de réunir et de détruire les insectes.

Ce travail doit être renouvelé chaque matin, aussitôt après que les criquets ont abandonné le pied sur lequel ils ont passé la nuit.

Lorsque les bandes prennent une marche régulière, on les guide vers la limite de la propriété, ou, si ce point est trop éloigné, vers un chemin d'exploitation ; il est alors facile de les diriger, au moyen des appareils dont je parlerai plus loin, dans des fosses préparées à l'avance, et qui retiennent la nappe mouvante qui vient s'y engloutir.

Dans le travail des premiers jours, un certain nombre de propriétaires, craignant pour la végétation des vignes

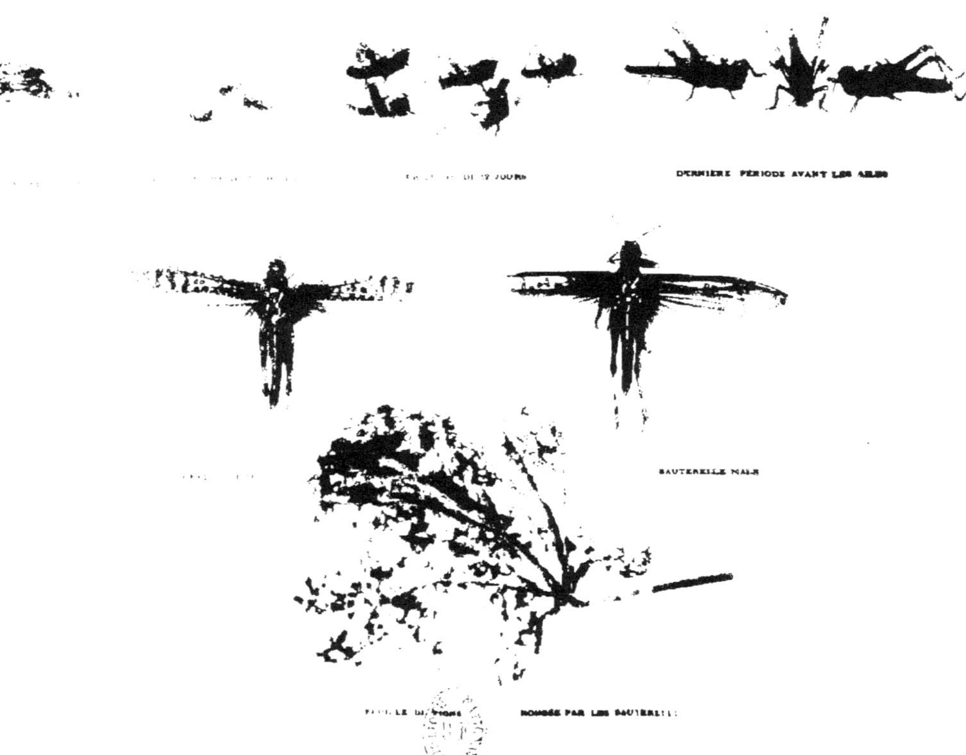

CRIQUETS ET SAUTERELLES PÈLERINS (1/4 Grandeur naturelle)

les inconvénients de la main-d'œuvre indigène, généralement plus vigoureuse que prudente, ont détruit les criquets par les liquides insecticides.

Au moyen de pulvérisateurs en usage pour le sulfatage, ou à leur défaut, au moyen d'arrosoirs auxquels est adaptée une pomme très fine, on peut répandre ces liquides sur les taches de criquets groupés sur le sol pendant les premiers jours, et même, matin et soir sur les pieds de vignes couverts d'acridiens.

Dans ce dernier cas, il faut avoir bien soin de n'employer que des liquides dont l'innocuité pour la vigne est parfaitement établie. Je répète que le peu de résistance des tissus organiques des criquets pendant les trois premiers jours, permet d'employer les acides à dose extrêmement faible.

CHAPITRE XI

Insecticides

L'emploi des insecticides a été généralisé dans la dernière campagne contre les criquets pèlerins. Quelques-uns ont donné d'excellents résultats ; il est utile de les bien établir, pour que nous ne soyons plus exposés à la période de tâtonnements qui a marqué les premiers jours de la lutte.

L'insecticide Maïche employé depuis longtemps contre le phylloxéra, avait été expérimenté avec grand succès l'année dernière, contre les criquets marocains.

Dès les premières menaces d'invasion, je m'étais approvisionné de cet ingrédient. La Société de Viticulture l'a employé en grande quantité, principalement dans son vignoble d'Inisfalen, qui se trouvait envahi dans les conditions les plus défavorables.

Nous avons obtenu les effets les plus satisfaisants et les plus concluants de la formule suivante :

Pour les jeunes criquets :

Insecticide Maïche.	5 kil.
Eau	95 litres.
	100 litres.

Pour les criquets de plus de 10 jours :

Insecticide Maïche. . . . .   8 kil.
Eau . . . .   92 litres.
                                              ——————————
                                                100 litres.

Projetée sur les criquets au moyen de pulvérisateurs, cette solution les tue en quelques minutes.

L'huile lourde (de houille) a le grand avantage d'être moins coûteuse. Le prix de la tonne, quai Alger, est de 13 francs en temps normal.

On l'emploie dans la formule suivante :

Huile lourde. . . . .   5 kilog.
Cristaux de soude (sous-carbonate) .   3   —
Savon noir   3   —
Eau 95   —

Le prix de cette préparation ne dépasse pas 1 fr. 50 l'hectolitre.

A la fin de la campagne, devant la pénurie de l'huile lourde, on avait ainsi simplifié la formule précédente :

Coaltar. . . . . , ...   4 kilog.
Cristaux de soude   4   —
Eau . . . . . , ... , ... 100 litres.

et le résultat était très satisfaisant.

Les deux solutions précédentes doivent être répandues au moyen d'arrosoirs à pomme fine, ou de pulvérisateurs.

Si l'on emploie le pulvérisateur Vermorel, il faut avoir soin de remplacer par des rondelles de cuir les deux anneaux en caoutchouc placés sous le piston.

Cette précaution est indispensable; sinon, après deux

jours de service, le caoutchouc, gonflé d'abord, et bientôt après désagrégé par l'acide phénique de l'huile lourde, entraverait complètement le fonctionnement de l'appareil.

Le Syndicat des Viticulteurs du département d'Alger a fait sur les premiers criquets éclos à Palestro, des expériences avec une solution étendue d'acide phénique. Les effets de ce liquide étaient très meurtriers contre les acridiens ; mais la vigne ne sortait pas indemne de cette épreuve. D'autres expériences renouvelées sur plusieurs points donnèrent des résultats tout à fait variables. On eut bientôt l'explication de ces différences dans l'effet de la préparation.

L'acide phénique se trouve dans le commerce sous des degrés de concentration trop irréguliers. Suivant que, à dose égale, on employait des produits de titre différent, on constatait que l'action de l'insecticide présentait pour les criquets et pour les cultures, des effets très inégaux.

Le temps ayant manqué pour se procurer des produits uniformément titrés, le public n'a pu bénéficier des avantages qu'aurait présentés la préparation du Syndicat.

Mais il n'est pas douteux que, si nous devons soutenir une nouvelle lutte, l'acide phénique, livré dans des conditions de concentration bien constantes, ne rende de très grands services.

Je ne puis pas examiner les avantages ou les inconvénients d'un grand nombre d'autres préparations.

J'estime que ces moyens de défense, destinés à être employés par tous les cultivateurs, doivent être simplifiés le plus possible, et ramenés à quelques formules faciles et pratiques.

Je ne parlerai pas davantage des différents engins, balais métalliques, flambeurs, préconisés par divers inventeurs, et dont les services réels ne compensent pas le prix plus ou moins élevé. J'en dirai autant et pour ne plus y revenir de quelques appareils dont l'expérience n'a pas donné les résultats qu'en attendaient les promoteurs.

L'initiative individuelle saura, dans chaque circonstance, apprécier les engins naturels ou artificiels les mieux appropriés aux besoins de la défense.

Mais je ne veux pas clore ce chapitre sans examiner sommairement les avantages et les inconvénients des insecticides en général.

Lorsque les premières expériences eurent démontré la puissance toxique de l'acide phénique et de l'huile lourde, quelques personnes crurent être sur la voie d'une révolution radicale dans la tactique de défense contre les acridiens.

Que dis-je, de défense ? Ils voulaient attaquer l'ennemi dans ses dernières forteresses ; d'aucuns, et pas des moins autorisés, entrevoyaient déjà le moment où des bataillons, armés de pulvérisateurs, iraient attendre les vols de sauterelles dans les oasis de l'extrême Sud.

Pour un peu, escomptant le Trans-Saharien, ils auraient lancé des colonnes volantes jusqu'au Soudan et au lac Tchad, regardés comme les points d'où partent, à intervalles irréguliers, ces formidables légions de locustes.

Plus de main-d'œuvre, plus d'appareils, plus d'invasions !

Je ne crois pas à la réalisation immédiate de ce beau rêve, mais je suis loin de méconnaître les avantages des insecticides.

Il ne pourront pas, au moins à l'état actuel, être utilisés hors des centres de colonisation, parce qu'ils nécessitent, en plein été, de grandes dépenses d'eau, et aussi parce que leur prix élevé n'en permet pas l'emploi en grand sur des superficies considérables.

Mais, dans les cultures intensives, où l'eau se trouve généralement en abondance, ils permettent au colon de sauvegarder, au prix d'un léger sacrifice, des récoltes

d'une valeur suffisante pour justifier cette dépense sup-
plémentaire.

Dans notre commune, où nous n'avons reculé devant
aucune dépense, quelques propriétaires ont employé
pour la défense totale de leurs vignobles près de 100 fr.
à l'hectare ; la récolte moyenne peut être estimée à 12
et 1,500 fr. dans la même surface. C'est donc une dépense
intelligente, utile et profitable.

L'incinération nous a rendu les plus grands services.
Au moyen de nombreux chantiers de rabatteurs, on
réunit sur un point choisi d'avance, le plus grand nombre possible de criquets et on met le feu aux broussailles
ou aux touffes de diss environnantes ; on détruit ainsi,
sans autre frais que la main-d'œuvre, une très grande
quantité d'acridiens. Dans la partie montagneuse de la
commune de l'Arba, 800 hectares de broussailles ont été
ainsi brûlées, sur lesquelles avaient été concentrées les
bandes qui erraient sur plus de 2,000 hectares.

Avant de passer aux appareils de protection, je dois
mentionner les essais de destruction tentés par MM. le
Dr Trabut, d'Alger, et Brongniart, délégué du ministère
de l'Instruction Publique.

On a voulu, d'après une méthode très en faveur depuis
quelques années, communiquer aux sauterelles une
maladie parasitaire, qui tuerait le plus grand nombre de
ces insectes.

Il y a plusieurs années, on a fait disparaître de Crimée,
une variété de sauterelles en propageant parmi leurs
bandes un champignon microscopique ; en Russie, aux
États-Unis, on a obtenu des résultats aussi complets sur
d'autres insectes.

Enfin nous venons de voir cette méthode recevoir en
France une éclatante consécration par la découverte du
champignon parasite du ver blanc.

Malheureusement les résultats ont été moins immédiats en Algérie.

Les premiers essais de laboratoire nous avaient fait

concevoir de grandes espérance, que les expériences renouvelées dans la campagne nous ont bientôt enlevées.

Le *Botrytis tenella*, qui devait anéantir les sauterelles, ne les a pas assez rapidement attaquées ; et lorsque ses effets destructeurs se sont manifestés, les pontes étaient effectuées depuis plusieurs jours.

Mais nous devons tenir compte du peu de temps pendant lequel ces expériences ont pu être suivies ; tandis que le ver blanc peut être combattu pendant les deux années de ses transformations successives.

Le succès obtenu sur plusieurs parties de l'Europe contre d'autres insectes nous permet d'espérer que M. Ch. Brongniard, qui porte un nom justement célèbre dans les annales des découvertes scientifiques, nous dotera prochainement d'un puissant auxiliaire.

CHAPITRE XII

Appareils

Les appareils destinés à anéantir les colonnes de criquets peuvent être divisés en appareils de défense fixes et appareils de défense mobiles.

Les premiers se composent : des appareils en zinc et des appareils en planches.

Les secondes comprennent les appareils cypriotes et les melhafas.

—

Je crois ne pouvoir mieux faire, pour la pose et le fonc·tionnement de ces appareils, que de reproduire ici l'excellente notice envoyée par l'administration à toutes les municipalités.

Dans cette brochure, Monsieur le Préfet a très clairement résumé ses connaissances personnelles, acquises par plusieurs années de pratique sur les Hauts-Plateaux. Cette initiative a rendu les plus grands services à la défense ; elle a été d'un grand secours aux maires de la Mitidja et du Sahel ; un grand nombre d'entre eux n'avaient, pour se guider dans l'organisation, que les notions assez vagues et souvent inexactes, publiées chaque jour dans la presse, par des correspondants plus zélés que pratiques.

§ 1er. — APPAREIL CYPRIOTE

Description. — L'obstacle artificiel que l'on emploie

pour arrêter les criquets dans leur marche en avant et les amener dans des fosses où ils seront enfouis, est de 85 centimètres de hauteur, que l'on dresse verticalement sur le front de la colonne de criquets que l'on se propose de détruire. Cette bande de toile est maintenue dans la position verticale au moyen de pieux enfoncés dans le sol à des intervalles égaux de trois mètres, et auxquels elle est fixée en deux points par une double paire de liens cousus sur la toile du côté opposé à celui faisant face aux criquets. Chaque bande a une longueur de 50 mètres.

Pour que l'obstacle soit infranchissable du côté faisant face aux criquets, le bord supérieur de la toile est garni, ainsi que les deux extrémités latérales, d'une bande de toile cirée de 10 centimètres de largeur. Cette toile cirée doit être aussi lisse que possible, afin de n'offrir aucune prise aux pattes de l'insecte.

Choix de l'emplacement pour l'installation de l'appareil. — L'obstacle artificiel doit être disposé en avant de la bande de criquets que l'on veut attaquer, à une distance de son front telle que l'on ait le temps de terminer l'installation de l'appareil avant que la tête de la colonne n'arrive au pied.

Il suffira, d'ordinaire, de se porter à 100 mètres en avant de la bande de criquets. Toutefois cette distance pourra être augmentée, si, plus loin, le terrain se prêtait mieux à l'installation de l'appareil, à la confection des fosses.

Avant de poser l'appareil, il sera nécessaire de reconnaître sur quelle longueur s'étend la tête de la colonne, afin de déterminer combien il faudra disposer de toiles bout à bout pour l'envelopper sur son front et sur ses ailes.

Installation de l'appareil. — On commence d'abord par nettoyer le terrain sur une largeur d'un mètre environ, et sur toute la longueur que devra occuper l'appareil. Ce nettoyage doit se faire en demi-cercle et de façon à circonscrire, en partie, la bande de criquets. On déroule ensuite les toiles sur le terrain nettoyé, en prenant soin de mettre, par-dessus, le côté portant la toile cirée. Il faut, en effet, éviter que celle-ci ne frotte sur le sol et, par suite, ne s'éraille. — Cette toile cirée doit toujours être maintenue en parfait état de propreté et rester aussi glissante que possible. Aussi, tous les matins, doit-on l'essuyer avec un linge sec.

Quand les toiles sont déroulées, on dépose dessus, et à plat sur le sol, des pieux en bois que l'on répartit de distance en distance, tous les trois mètres, en face des liens au moyen desquels la toile sera plus tard dressée verticalement.

Cela fait, un ouvrier enfonce les pieux verticalement, bien en face de la double paire d'attaches et sur le bord extérieur du terrain nettoyé, tandis qu'un second ouvrier, soulevant la toile de façon que la bande cirée soit placée en haut et en face des criquets, fixe l'appareil aux pieux au moyen des doubles attaches.

L'opération se continue ainsi d'un bout à l'autre de l'appareil.

Enfin, au fur et à mesure que le travail avance, un troisième ouvrier relie les pieux les uns aux autres au moyen d'une corde fixée à leur partie supérieure. Ainsi consolidé, l'ensemble de l'appareil peut résister au vent, si l'on prend soin de rattacher la toile à la corde au moyen d'un lien disposé à cet effet sur le bord **supérieur** de cette toile, et à égale distance des deux **pieux** voisins.

La toile ne doit pas être fixée trop haut sur les piquets, mais au contraire assez bas pour que son bord inférieur traîne sur le sol d'environ 20 centimètres. La partie de

la toile qui porte sur le sol est recouverte de terre et de
pierres afin qu'elle épouse les inflexions du sol. Ainsi il
est impossible aux criquets de passer par dessous et de
s'échapper.

Quand on joint deux appareils bout à bout, on peut
faire chevaucher, l'une sur l'autre, les extrémités des
toiles, ou bien les placer côte à côte, de façon qu'il n'y
ait point entre elles d'interstice par lequel les criquets
puissent passer.

Disposition des fosses. — On creuse perpendiculairement à la face intérieure de l'obstacle et aussi près que
possible de sa base, des fosses qui ont généralement
2 mètres de longueur dans le sens perpendiculaire à
l'appareil, 1 mètre de largeur et 1 mètre de profondeur.
Les fosses sont disposées de 25 mètres en 25 mètres.

Les fosses terminées et leurs parois ayant été taillées
à pic, on place sur leurs bords, et de façon à faire saillie
au-dessus de la cavité, des plaques de zinc préparées à
cet effet. Ces plaques arrêtent les criquets qui, tombés
au fond de la fosse, tenteraient d'en sortir.

Le nombre des fosses à creuser ne saurait être déterminé *a priori* : il varie suivant la quantité des criquets
à enfouir. De plus il augmente quand les insectes ont
atteint tout leur développement. Il vaut mieux toutefois
augmenter le volume des fosses en proportion de l'importance des bandes à détruire. Quand le sol est rocail-
leux et que la couche de terre n'a pas une épaisseur
suffisante pour qu'on puisse y enfoncer les pieux, on se
sert de pals en fer, ou barres à mine, au moyen desquels on prépare les trous dans lesquels seront enfoncés
ensuite les pieux en bois.

Si la nature du sol s'oppose à ce que les fosses soient
creusées assez profondément, on surélève les parois de
celles-ci au moyen de pierres sèches ou de mottes de
terre de manière à en augmenter la capacité intérieure.

A l'extérieur on adosse de la terre aux murs, de façon à former un plan incliné, que les criquets puissent franchir facilement pour venir tomber dans la fosse.

Remplissage des fosses. — Les premiers criquets qui arrivent au pied de l'obstacle essaient de le franchir ; mais comme ils ne peuvent y arriver à cause de la surface glissante que présente la toile cirée, ils se mettent à marcher latéralement le long de l'obstacle et vont tomber dans les fosses, ainsi que tous ceux qui les suivent.

Lorsque les fosses seront à peu près aux trois quarts pleines de criquets, on écrase ceux-ci dans la fosse même, soit par piétinements, soit à l'aide d'engins quelconques. On les extrait ensuite au moyen de pelles en ayant soin de les éparpiller sur le sol afin de les faire dessécher sur le sol et d'éviter l'infection. Si on n'a pas le temps d'effectuer ce travail de répandage, il faut couvrir le tas avec de la chaux en poudre ou les arroser de désinfectants.

§ II. — APPAREIL EN ZINC

Cet appareil se compose de feuilles de zinc de 0^m40 de hauteur et de 2 mètres de longueur. On le maintient dans une position verticale par des piquets en fer placés au croisement de deux feuilles juxtaposées.

L'appareil en zinc ne peut être utilisé que dans les terrains peu accidentés, ou de pente sensiblement uniforme.

Il arrête les criquets, mais il a le grave inconvénient de se dilater constamment et de se déplacer sous l'action du soleil. Il faut sans cesse le rétablir dans sa position primitive. Il s'oxyde aussi très rapidement.

FOSSE D'APPAREIL CYPRIOTE

Un chiffon imbibé de pétrole que l'on passe sur cet appareil, remédie dans une certaine mesure à ce dernier inconvénient.

La manœuvre et l'installation en sont difficiles ; son prix de revient, très élevé, est une raison de plus pour faire renoncer à son emploi dans les luttes futures.

Chaudement recommandé au début de la campagne, il a été très employé sur tous les points du Tell.

Par suite de la pénurie d'appareils cypriotes, et grâce à l'affolement général qui s'est emparé des colons lors des premières éclosions, 500 kilomètres de feuilles de zinc ont été répandues dans nos régions.

Par une comparaison détaillée, j'établis plus loin son infériorité sur l'appareil en planches.

La mise en place et la disposition des fosses sont les mêmes pour l'appareil en zinc que pour l'appareil cypriote.

§ III. — APPAREIL EN PLANCHES

Je terminerai cette nomenclature par la description d'un appareil de défense fixe qui n'est pas compris dans le travail de M. le Préfet, parce qu'il n'est pas connu, ni même utilisable dans le Sud. Je n'hésite pas à déclarer que dans nos régions il me semble mériter la préférence sur l'appareil en zinc.

Il se compose de planches de 5 marques, soit 0^m32 de hauteur et 0^m03 d'épaisseur, reliées entre elles par des couvre-joints en zinc ou en cuivre, de la même hauteur.

Elles sont surmontées à la partie supérieure d'une bandelette de même métal, de 0^m08 de hauteur. Nous avons même pu, à St-Pierre-St-Paul, supprimer les couvre-joints, en employant des piquets d'eucalyptus larges de 0^m05, à la jonction des planches.

Les planches sont placées verticalement, ou mieux légèrement en surplomb, et maintenues dans cette position par de simples piquets en bois, attachés aux dites planches par un fil de fer fixé par des pointes et des crampillons.

Les fosses doivent être établies comme pour l'appareil cypriote.

L'appareil en planches a été expérimenté sur les vignobles de la Société de viticulture et dans une propriété voisine ; il a partout donné les résultats les plus concluants.

Non seulement il est moins coûteux que l'appareil en zinc, mais il a encore l'avantage de résister plus longtemps aux intempéries ; on n'a pas à craindre de dilatation ni de contraction ; l'oxydation, toujours à redouter avec l'appareil en zinc, ne pourrait atteindre, dans l'appareil en bois, que les bandelettes et les couvre-joints ; et il serait toujours facile d'y remédier, en passant sur les parties métalliques, un chiffon légèrement imbibé de pétrole.

Enfin, cet appareil conserve à peu près toute sa valeur intrinsèque. Les planches peuvent toujours être revendues au prix coûtant ou avec une perte insignifiante ; tandis que l'appareil en zinc perd au minimum, dans la revente, 50 % du prix d'achat.

Par suite de ces diverses circonstances, j'estime qu'il doit être employé de préférence à tout autre, toutes les fois, bien entendu, qu'il s'agira de protéger des terrains plans.

Le tableau suivant expose très exactement le prix de chaque système.

Pour un kilomètre :

PLANCHES

Achat : 250 planches de 1^m, à 2 fr. 40 ..... 600 »
1 kilom. bande zinc de 0^m,08, n° 5 .... 100 »

      Prix de revient................ 700 »

Vente des planches à 2 fr................ 500 »
Vente du zinc à 50 0/0................. 50 »

                 550 »

    Perte......... 150 fr.

ZINC

1 kilom. en zinc, n° 7.................... 650 »
500 piquets en fer, à 0 fr. 30............. 150 »

      Prix de revient................ 800 »

Vente du zinc à 50 0/0................. 325 »
Piquets, non repris par le commerce....... »

                 325 »

    Perte......... 475 fr.

Indépendamment de cette différence considérable dans le prix de revente, il faut bien remarquer que l'appareil en planches est une barrière fixe dont la pose est très expéditive, et qui ne nécessite la présence d'aucun surveillant pour assurer son bon fonctionnement.

Avec l'appareil en zinc, au contraire, il est indispensable d'avoir un certain nombre d'ouvriers spécialement affectés aux réparations fréquentes et à l'entretien de la ligne. Car on ne doit pas perdre de vue qu'une solution de continuité entre les feuilles ou une tache un peu étendue d'oxydation suffiraient à compromettre le résultat de la lutte.

§ IV. — Melhafa

Le melhafa consiste en une bande de calicot, de 10 mètres de long sur 1 mètre 60 de large.

Ces dimensions n'ont rien de précis, et chacun peut les modifier à son gré. Dans les proportions que j'indique, le melhafa donne d'utiles résultats, sans nécessiter un personnel trop nombreux.

La manœuvre en est des plus simples.

L'appareil est étendu sur le sol, comme une nappe, perpendiculairement au front de la petite bande de criquets qu'il s'agit de détruire.

On a soin de placer quelques pierres sur le bord de l'étoffe le plus rapproché des acridiens, de façon que les insectes ne puissent passer par dessous.

Les rabatteurs entourent l'arrière et les flancs de la colonne, qu'ils chassent lentement devant eux, au moyen de branches ; les hommes placés sur les flancs diminuent progressivement leurs intervalles, de manière à se trouver près des bords du melhafa, au moment où la tête de la colonne arrive à la hauteur du bord maintenu par les pierres.

A ce moment, 4 à 5 hommes, placés sur le côté opposé et 1 homme sur chaque flanc soulèvent progressivement la toile, en faisant retomber les criquets dans le milieu de l'étoffe.

Lorsque toute la bande est entrée sur le melhafa, une partie des rabatteurs enlève rapidement les pierres et soulève le quatrième côté de la toile, en ayant soin de lui imprimer des secousses continues pour empêcher l'évasion des insectes prisonniers dans cette poche improvisée.

On réunit alors tous les bords pour fermer complètement cette nasse ; un homme piétine le sac pour en écraser le contenu, que l'on jette ensuite dans une fosse.

Pendant le temps que prend cette opération, les rabatteurs disponibles écrasent, à coups de balai, les criquets qui ne se sont pas engagés dans le piège, ou qui auraient réussi à s'en échapper.

En somme, cet appareil joue le même rôle que les petits fossés dont j'ai parlé au sujet de la défense des cultures ; il présente le grand avantage de pouvoir être employé dans les terrains les plus accidentés, sur les pentes les plus déclives, et jusque sur des rochers où il serait, sinon impossible, du moins très difficile de creuser des tranchées.

§ V. — Appareil Rolland

L'appareil Rolland est une modification ingénieuse de l'appareil cypriote et du melhafa.

Il se compose d'une bande d'étoffe de 20^m de long, pourvue de piquets en fer ; la fosse des appareils cypriotes est remplacée par une poche en toile.

Cet appareil peut rendre des services pour arrêter une petite colonne, dans une gorge étroite et très resserrée.

Mais son prix élevé et son application trop restreinte ne permettent pas de faire de cet engin la base d'un arsenal de défense. En aucun cas, il ne pourra remplacer l'appareil cypriote.

CHAPíTRE XIII

Sociabilité des criquets

L'appareil cypriote a été, jusqu'à ce jour, la base de la défense générale contre les criquets marocains sur les Hauts-Plateaux. Dans les parties montagneuses, il a rendu, cette année, de grands services à la défense contre les criquets pèlerins.

Quelle que soit l'espèce de ces acridiens qu'il est chargé d'arrêter, il faut avoir soin, avant de commencer la pose de l'appareil, de déterminer d'une manière très précise la direction de la colonne qui s'avance.

En principe, il ne faut pas placer la ligne de défense parallèlement au front de l'ennemi ; sinon, on risquerait de voir la bande se diviser et contourner les appareils.

Les criquets sont déjà un peu effrayés par la couleur de l'étoffe ; à prix égal, on devrait toujours donner la préférence à des couleurs grises ou verdâtres, qui se détacheraient moins sur le fond du terrain.

Si la colonne est très profonde, il n'y a pas à craindre de la voir changer sa direction ; comme dans toutes les foules, les premiers rangs ne sont plus libres de s'arrêter ; ils sont poussés irrésistiblement en avant.

Il faut aussi éviter de laisser des hommes devant la ligne des appareils : leur vue arrêterait des bandes peu nombreuses, et leur ferait adopter une nouvelle direction qui rendrait inutiles les appareils déjà installés.

Il arrive souvent que quelques insectes, profitant d'une solution de continuité dans les toiles, ou s'aidant d'un piquet maladroitement enfoncé, parviennent de l'autre côté de la toile.

Au lieu de continuer leur route, on les voit hésiter, attendre leurs compagnons, quelquefois pendant 24 heures.

Lorsqu'ils sont bien convaincus que le gros de la troupe ne franchit pas l'obstacle, ils longent les appareils ; pour tirer parti de cette circonstance, on a recommandé de prolonger les fosses derrière l'appareil, qui dès lors se trouve à cheval sur la cavité béante.

D'autres insectes grimpent sur l'envers de l'étoffe, dépourvu de toile cirée, et rejoignent assitôt la colonne.

J'ai vu des vignes qu'on avait protégées contre les invasions de l'extérieur, avant d'avoir complètement détruit les éclosions nées sur la propriété.

L'ennemi, enfermé dans la place, et poursuivi toute la journée par les hommes armés de balais, ou attiré par le voisinage d'une troupe plus importante dont il sentait la présence de l'autre côté de l'obstacle, s'efforçait de sortir de l'enceinte. On facilitait sa retraite en jetant de distance en distance, des branches qui permettaient aux criquets de passer sur les appareils.

Je citerai encore, bien que le fait ne se rapporte pas au fonctionnement des appareils, un autre exemple de la sociabilité chez les acridiens.

Lorsqu'une bande reste cantonnée dans une région assez éloignée pour échapper à la destruction, et qu'elle peut suivre normalement le cycle de ses évolutions, les criquets prennent successivement leurs ailes.

L'intervalle qui sépare les éclosions dans une même ponte se retrouve à peu près dans la durée de la mue, chez les insectes provenant de cette éclosion.

Il semblerait que les jeunes sauterelles devraient s'empresser d'utiliser leurs ailes naissantes pour se séparer des bandes nombreuses, pour lesquelles le *pain de chaque jour* est souvent très réduit, par suite du trop grand nombre de convives.

Il n'en est rien ; et tous ceux qui ont vu de près les colonnes de criquets ont pu constater que les insectes ailés continuent à associer leur sort à celui de leurs compagnons, encore aptères.

Je ne voudrais pas diminuer l'intérêt que le lecteur sensible, touché par ces beaux traits de sociabilité, aurait pu concevoir pour les jeunes acridiens ; cependant il faut bien reconnaître que si les criquets ne veulent pas se séparer de leurs frères vivants, par contre, ils témoignent très peu de respect pour leurs morts.

Dès les premiers jours où nous avons détruit, par écrasement, les éclosions sur les bords des rivières, nous avons trouvé chaque matin, une grande affluence de ces insectes, autour des fosses où les victimes de la veille avaient été piétinées.

Les nouveaux venus étaient attirés sur ces points par l'odeur des cadavres, qu'ils dévoraient avidement.

Cette circonstance facilitait le travail des ouvriers, qui, sans perdre de temps à la recherche de l'ennemi, trouvaient des groupes compactes spontanément rassemblés.

Un de nos chantiers avait aspergé d'huile lourde une tache de criquets, dans les broussailles, qu'il avait ensuite brûlées. Le lendemain, en venant constater les effets de l'opération, nos hommes trouvèrent une quantité de cadavres beaucoup plus grande que la veille ; la plupart ne portaient aucune trace d'incinération. Une autre bande, attirée par l'appât d'un repas plantureux, s'était jetée sur les corps empoisonnés par l'acide phénique, et avait payé de la vie sa voracité sacrilège. Le même fait s'est plusieurs fois répété.

CHAPITRE XIV

Résumé pratique

Les invasions de sauterelles ne doivent plus être considérées comme une catastrophe dont il est impossible d'arrêter les conséquences.

En effet, de l'avis de tous les colons qui, par leurs souvenirs, peuvent établir une comparaison entre les dernières invasions, celle de 1891 est de beaucoup la plus formidable.

Nos cultures en sortent indemnes.

Dans nos régions, il est généralement admis que les pontes effectuées dans les communes de l'Arba et de Rovigo, et dans les lits de l'Oued Djema et de l'Harrach, étaient suffisantes pour inonder de criquets la Mitidja jusqu'à la mer.

En citant cet exemple, je ne veux pas faire ressortir l'importance de la lutte que nous avons soutenue ; j'ai la conviction que plusieurs autres communes étaient contaminées dans des proportions aussi considérables.

Le désastre pouvait donc être général, et les 35,000 hectares de vignes du département étaient menacés d'une dévastation complète.

Grâce à l'énergie de la lutte sur tous les points envahis, les pertes provenant des sauterelles ou des criquets ont été insignifiantes, sauf dans quelques cas isolés, dans lesquels les dégâts ne peuvent être imputés qu'à la maladresse ou à la négligence.

La méthode suivie est donc recommandable ; je la résume dans ses applications pour chaque phase de la lutte.

1º *Arrivée des sauterelles.* — Pour éloigner les vols des vignobles et des cultures, employer tout le personnel disponible à faire du bruit par les moyens indiqués, et sans aucune trêve ; il est beaucoup moins difficile de les empêcher de se poser que de les faire repartir.

2º *Écrasement.* — *Ramassage.* — Lorsque les sauterelles se sont abattues, il faut les écraser partout où l'on peut les atteindre. On prévient ainsi une quantité considérable de pontes.

3º *Recherche des lieux de pontes.* — Aussitôt que la ponte est terminée, chaque colon, dans sa propriété, doit relever avec le plus grand soin tous les points contaminés ; le maire de chaque commune, centralisant les renseignements de ses administrés, doit faire dresser une carte minutieuse, dont il enverra la copie à la Préfecture.

4º *Destruction des œufs.* — Il faut détruire les coques ovigères déposées dans les terres cultivées, partout où ce travail n'est pas trop onéreux. On obtient des résultats très appréciables par le piochage et le labourage dans les terres consistantes ; ces deux opérations perdent beaucoup de leur efficacité dans les terres sablonneuses, et surtout dans les dunes.

5º *Éclosions.* — *Destruction des criquets.* — C'est la phase capitale de la défense. Dès les premières éclosions, on détruit les criquets par écrasement, avec des balais en branches, plus tard en les dirigeant dans des trous ou dans de petites fosses, où on les piétine.

Les insecticides sont d'une grande utilité pour cette partie de la lutte, avant et après le coucher du soleil.

Dans les broussailles, on concentre sur quelques points les criquets errants, et on les détruit par incinération.

Le melhafa rend de grands services dans les terrains dénudés et accidentés.

Lorsque les colonnes se mettent en marche, *mais alors seulement*, on pose les appareils de défense.

Avec les appareils mobiles (cypriotes), on se porte au devant des bandes en mouvement.

On défend les cultures intensives par les appareils fixes; l'appareil en planches est le moins coûteux et le plus pratique.

En résumé, les sauterelles, qui constituaient autrefois pour la colonisation le plus terrible des fléaux, ne peuvent plus être considérées comme devant entraîner fatalement la perte des récoltes.

La lutte est pénible et coûteuse; mais chaque fois que, soutenue par des ressources suffisantes, elle est conduite avec méthode et vigueur, le succès en est assuré.

CHAPITRE XV

Considérations générales

Je voudrais répondre ici à quelques critiques.

Bien qu'elles aient été formulées par des personnes complètement désintéressées de la lutte, et, le plus souvent, ignorantes des intérêts de la colonie, il est bon de ne pas laisser répandre ces erreurs dans le public, sans tenter de les réfuter.

Déjà, dans une certaine presse de la métropole, il est de bon ton de proclamer que les dépenses faites dans la campagne de l'année sont hors de proportion avec la gravité du fléau qui menaçait l'Algérie.

On nous raille d'avoir emprunté la massue d'Hercule pour écraser un criquet.

Je répéterai simplement ce que j'ai développé au chapitre des invasions antérieures.

En 1866, l'intensité de l'invasion était moindre qu'en 1891. Les récoltes n'en furent pas moins détruites, puisque la famine décima la population indigène. L'insuffisance de l'alimentation, les odeurs méphitiques répandues par les monceaux de cadavres des malheureux qui s'étaient traînés jusqu'aux portes des villes pour y implorer un morceau de pain, vinrent ajouter les effets meurtriers du typhus et du choléra aux horreurs de la famine ; et, chez les Européens, la colonisation, gravement compromise, fut arrêtée pour plusieurs années.

En 1874, l'invasion fut relativement faible ; le rapport du Préfet constate cependant que les pertes s'élevaient, pour quelques centres de colonisation seuls, à 900,000 francs. Et je rappelle que les acridiens, survenus après que les céréales avaient été mises à l'abri de leur voracité, avaient seulement exercé leurs ravages sur quelques orangeries et sur des vignobles en création et clairsemés dans la région sinistrée.

Peut-on nier de bonne foi que l'invasion de 1891 n'ait été formidable?

Nous avons entendu des habitants d'Alger et même des propriétaires des environs, entraînés par l'esprit de contradiction, affirmer que le Tell ne courrait aucun danger. Un fonctionnaire improvisé, pour lequel avait été créée une grasse sinécure, proclamait bien haut qu'il ne croyait pas aux sauterelles.

Quelques jours après ces superbes affirmations, les acridiens avaient envahi jusqu'aux squares d'Alger ; on apprenait que le département tout entier, sauf deux communes, en était couvert, et il devenait bien difficile de contester l'imminence du péril.

L'ennemi était partout à la fois ; il a campé pendant une semaine sur toutes les cultures.

Il est regrettable que la presse française, si prodigue depuis quelque temps d'interviews d'un intérêt général problématique, n'ait pas cru devoir envoyer ici ses reporters ; la plupart d'entre eux, tout en suivant les phases de la défense, auraient acquis des notions précises sur les questions algériennes.

Nous y aurions peut-être perdu quelques-unes de ces découvertes géographiques fantaisistes, comme celle *du port de Constantine*, que nous trouvons à chaque instant dans les feuilles de Paris ou de la province ; mais le grand public français aurait été exactement renseigné sur les dangers du fléau qui nous menaçait.

Le *Figaro*, seul, avait envoyé, dans le département d'Oran, un de ses chroniqueurs les plus autorisés. M. Émile Gautier s'est très exactement rendu compte du péril auquel était exposée la colonie ; il s'est efforcé d'intéresser l'opinion à notre cause.

Malgré la grande diffusion de ce journal, nous avons

pu constater que les pouvoirs publics ne nous témoignaient qu'un intérêt secondaire; et toutes les notabilités algériennes qui ont tenté des démarches en notre faveur ont été péniblement affectées de l'indifférence sceptique à laquelle elles se heurtaient presque toujours.

Je me félicite du concours de circonstances qui a permis à la Société de viticulture de servir utilement en France la cause de la colonie.

M. Mac Swiney, président du Conseil d'administration de la Société, et un de ses amis, M. le vicomte de Dampierre, se trouvaient précisément à Inisfallen, le jour où notre vignoble fut envahi par les sauterelles. Ils furent littéralement terrifiés par le spectacle de cette nappe qui submergeait toutes les cultures.

Huit jours après, nous nous rendions ensemble dans la région de Teniet-el-Hâad, où commençaient les éclosions des criquets marocains, pour étudier sur place les effets de l'insecticide Maïche, et le fonctionnement des appareils de défense, dont, à notre tour, nous aurions bientôt besoin.

Nous avons traversé une nappe de sauterelles s'étendant depuis l'Oued-Djer (El-Affroun) jusqu'à Téniet, sur un parcours de plus de 100 kilomètres. Les dépêches envoyées ce jour-là de tous les points du Tell annonçaient que toute la région présentait le même aspect.

On ne pouvait plus se dissimuler que l'avenir même de la colonie était menacé de sombrer dans un tel cataclysme.

Le même jour, M. le vicomte de Dampierre adressait un long rapport à son père, M. le marquis de Dampierre, président de la Société des Agriculteurs de France.

De son côté, et dès son retour à Paris, M. Mac Swiney allait plaider notre cause auprès du *Figaro* et du *Petit Journal;* les deux organes les plus puissants de la presse parisienne publiaient aussitôt des articles émus sur l'invasion et déterminaient un mouvement d'opinion qui devait contribuer à arracher au Parlement les crédits trop longtemps attendus.

Mais, nous dit-on souvent, pourquoi demander avec tant d'insistance des secours aussi considérables, puisqu'en somme, vous reconnaissez que les dégâts ont été insignifiants ?

Cette objection est tellement *naïve* que je n'aurais pas osé la relater, si elle ne m'avait été faite à moi-même, à plusieurs reprises, par différentes personnes, à qui jusqu'à ce jour je reconnaissais quelque jugement.

Comment peut-on regretter d'avoir, à prix d'argent, empêché une catastrophe qui se serait infailliblement produite sans les sacrifices consentis ?

M. de la Palisse, seul, pourrait faire remarquer que, par une coïncidence bizarre, les villes riveraines du Rhône ne sont plus dévastées par de fréquentes inondations, depuis que le fleuve est endigué, et regretter les millions dépensés à ce travail.

Nous aussi nous avons endigué le fléau ; et nous avons demandé le concours de la Métropole alors seulement qu'il a été bien évident, pour tous les esprits de bonne foi, que les cultures de l'Algérie entière étaient vouées à une destruction certaine par les colonnes venues du Sud.

Réduits à nos seules ressources, nous ne pouvions pas nous défendre contre cette invasion.

Si des armées étrangères menaçaient le sol de la patrie, devrait-on laisser à chaque ville le soin d'arrêter la marche des conquérants ?

D'après M. Adolphe Daudet, c'était la tactique de Tartarin, organisateur de la défense de Tarascon.

Nous ne l'avons pas adoptée.

En demandant le concours de la Métropole, nous voulions fournir à l'Administration les moyens d'organiser la lutte générale à la frontière, c'est-à-dire sur les Hauts-Plateaux.

C'est à cette partie de la défense qu'ont été affectés les crédits dépensés. En aucun cas, ils n'ont été employés à subventionner la défense particulière de tel ou tel vignoble.

Bien plus, il n'a jamais été question d'en employer une partie, même très minime, à indemniser les quelques colons dont les cultures avaient été endommagées.

Les propriétaires et les fermiers ont supporté toutes les charges de la lutte sur leurs terres.

Le moment est mal venu de venir rappeler aux Algériens de compter toujours et uniquement sur la Mère Patrie.

On nous objecte que certains départements souffrent depuis plusieurs années des ravages causés par les vers blancs ; que la gelée printanière détruit fréquemment les bourgeons des vignobles dans certaines régions, et que la grêle ou des pluies intempestives compromettent les moissons, sans que pour cela les cultivateurs ni les vignerons ne se croient des titres à des secours ni à des indemnités.

Le colon algérien souffre aussi de la grêle et des pluies d'hiver ; s'il a peu à redouter les gelées blanches, il voit souvent les résultats de son labeur anéantis par la sécheresse trop prolongée ou par quelques heures de siroco.

De plus, décimé par la fièvre, il doit souvent défendre ses récoltes à main armée et veiller nuit et jour sur sa propriété.

Cependant, ces conditions de lutte perpétuelle, ces accidents sont acceptés par lui, sans qu'il demande à l'État aucun dédommagement.

Mais il ne s'agissait pas au printemps dernier d'un danger dont on peut calculer d'avance tous les effets. Pendant 60 jours nous nous demandions chaque matin si le désastre qui nous menaçait tous pourrait encore être évité.

Nous étions dans le cas du condamné à mort qui passe de longues journées à supputer les chances qu'il peut avoir de voir sa peine commuée en un châtiment moins rigoureux.

Nous souhaitons que nos détracteurs les plus acharnés ne subissent jamais les angoisses au milieu desquelles nous avons vécu pendant deux mois.

Il est facile de se convaincre que l'effort général a été considérable, et proportionné à la situation de fortune de chacun. Il serait difficilement admissible que la *folie acridienne*, gagnant toute une population, ait pu lui faire, non pas accepter, mais consentir spontanément des sacrifices semblables.

Comme le disait au Sénat le rapporteur de la Commission du crédit de 1,500,000 francs, si le péril eût été imaginaire, ce n'est pas de lésinerie et de rapacité, mais de démence et de prodigalité qu'il faudrait taxer les colons.

Certes, nous avons été prodigues, mais de notre temps et de notre argent !

Près de 1.200 kilomètres d'appareils, appartenant au département, aux communes et aux particuliers, étaient posés sur notre territoire. Placée en une seule ligne, cette barrière traverserait la France dans son plus grand diamètre, de Nice à Dunkerque.

Si on considère qu'un certain nombre de ces appareils, les cypriotes notamment, ont été déplacés plusieurs fois, au fur et à mesure que les bandes étaient détruites et qu'il fallait arrêter sur un autre point de nouvelles phalanges, on admettra facilement que le front de bataille s'est développé successivement sur plus de 2,000 kilomètres.

Or, le fonctionnement de ces obstacles nécessite une fosse tous les 25 mètres, soit 40 fosses par kilomètre et 80,000 fosses pour la totalité des lignes de défense !

Chaque fosse cube en moyenne 1 mètre 30 ; c'est donc plus de 100,000 mètres cubes de terrassement nécessités pour cette seule phase de la lutte.

La plupart de ces fosses ont été, en totalité ou en partie, remplies de criquets ; quelques-unes ont été vidées plusieurs fois.

La lutte a commencé dès l'éclosion, alors que les insectes sont à peu près 250 fois plus petits qu'à la 4e mue ; on peut juger du volume fantastique qu'auraient représenté les criquets parvenant à l'âge adulte.

Ce n'est plus par cent mille, mais par dizaines de millions de mètres cubes qu'il aurait fallu compter.

L'amoncellement de ces cadavres n'aurait-il pas ramené les calamités de 1866, aggravées dans leurs effets par la densité plus grande de la population ?

J'ajouterai, pour mémoire, les quantités considérables des criquets détruits par incinération ; 50,000 hectares de broussailles ou de chaumes ont été brûlés, après la concentration des colonnes des acridiens sur les points désignés pour être incendiés ; on peut admettre que les insectes, groupés pour la destruction, se trouvaient au nombre d'une centaine environ par décimètre carré.

Les quantités de cadavres produits seulement par ces deux modes de destruction sont déjà invraisemblables.

Ces résultats n'ont pas été obtenus sans de grands sacrifices.

Je n'ai pas entre les mains les documents officiels qui me permettraient de donner des chiffres rigoureusement exacts sur la dépense totale supportée par le département, par les communes et par les particuliers.

Toutefois, je ne crois pas m'éloigner beaucoup de la réalité, en estimant la part contributive du département à plus d'*un million*.

Les communes de plein exercice et les communes mixtes n'ont pas dû affecter moins de 350 à 400,000 fr. à la défense générale ; je ne comprends pas, dans cette somme, le montant des journées de réquisition.

Les 35,000 hectares de vignes, dont 30,000 au moins ont été envahis, ont nécessité, en moyenne, 100 francs à l'hectare, ce qui donne un chiffre de 3 millions. Je néglige, dans ce calcul, les autres cultures intensives, dont la défense a cependant nécessité de réels sacrifices.

Le total de ces dépenses s'élèverait déjà à 4,350,000 fr., pour le seul département d'Alger.

Nous ne nous sommes donc pas défendus contre un ennemi imaginaire. Et le lecteur de bonne foi conviendra que si nous avions laissé les criquets prendre leur développement complet, tout le territoire en aurait été couvert ; l'Algérie aurait été submergée par une nappe continue, et pas un point du Tell n'aurait échappé à la dévastation.

Il n'en a rien été.

Après quelques jours d'affolement trop naturel, la population s'est mise vaillamment à l'œuvre.

Elle a été soutenue par l'énergique impulsion donnée à la défense par l'Administration. Dans son rapport au Conseil général, M. le Préfet rendra certainement un hommage mérité au zèle de ses collaborateurs immédiats.

Quelques Conseillers de préfecture, qui ont fait dans les contrées envahies de longs et pénibles voyages, M. Alliot et son bureau, qui assumaient la lourde responsabilité de l'organisation de la lutte, ont acquis des titres incontestables aux félicitations de leur chef et à la reconnaissance du département.

Mais ce que notre préfet, M. Henri PAUL, ne dira pas, et ce que je ne veux pas laisser dans l'ombre, certain d'être ici l'interprète de tous les colons, c'est l'activité infatigable, le dévouement sans bornes qu'il a prodigués pendant quatre mois, et auxquels il est juste d'attribuer la plus grande part dans l'heureuse issue de la défense.

Au moment de livrer ces quelques pages à l'impression, je vois, par les dépêches officielles, que le territoire de Boghar est envahi, le 15 septembre 1891, par un vol considérable de sauterelles pèlerins, et que d'autres vols, aussi très nombreux, ravagent, le 16 septembre, les oasis de Biskra et de la région des Zibans.

Allons-nous avoir, dans un délai plus ou moins long, à combattre une deuxième invasion ? Si cette triste éventualité nous était réservée, je me féliciterais d'avoir mis, entre les mains des intéressés, un manuel de défense pratique.

Je répète que je n'ai pas eu l'intention d'écrire un traité didactique. J'ai simplement résumé les indications précises consacrées par mes observations personnelles, observations que tous les colons ont pu faire dans le cours de cette campagne.

Plus tard, si des vols de pèlerins viennent de nouveau s'abattre sur nos régions, ceux qui ont pris part à la lutte actuelle trouveront, rappelés dans cette notice, les moyens de défense qui ont sauvé leurs cultures en 1891.

Les nouveaux colons qui assisteront pour la première fois au spectacle terrifiant d'une invasion générale, verront par notre exemple, qu'ils ne doivent pas se laisser affoler, puisqu'une lutte vigoureuse et méthodique doit assurer la victoire.

Ainsi, après avoir parcouru les épreuves de cette brochure que je lui avais communiquées, un de mes amis me demande quelques renseignements plus détaillés sur le mode d'après lequel s'est effectuée la paye des prestataires indigènes.

Mon correspondant attache une certaine importance à ce fait parce que, dans le Parlement et dans certains cercles politiques, on a formulé des critiques assez vives à ce sujet.

On a déploré les abus qui se seraient produits dans l'intérieur, où les journées auraient été réglées au moyen de *bons* payables à des bureaux très éloignés des chantiers.

Pour se créer des ressources immédiates, quelques indigènes auraient dû céder à vil prix leurs bons à des Juifs qui faisaient ainsi, du labeur des Arabes, une véritable spéculation.

Je ne crois pas que cette accusation, ainsi présentée, soit fondée.

Il est possible que, dans certains cas exceptionnels, des Indigènes aient vendu, avec une petite perte, leurs bons de journées, à quelques intermédiaires qui se chargeaient de cet encaissement lointain.

Tous les colons ont maintes fois constaté combien les Arabes et surtout les Kabyles sont peu prodigues de leur avoir ; et il n'est pas vraisemblable que les uns ni les autres aient ainsi sacrifié la plus grande partie de leur paye, à seule fin de s'éviter un déplacement qu'ils s'imposent très volontiers pour des motifs beaucoup moins sérieux.

En tout cas, je m'empresse de certifier à mon correspondant, de la manière la plus catégorique, que rien de semblable n'a pu se passer dans la commune de l'Arba.

Dans mon rapport sur la défense locale, page 108, j'ai brièvement rappelé que « MM. Gascou et Lecas, conseillers municipaux, et M. Amiel, agent-voyer, avaient accepté avec moi la lourde et fatigante tâche de régler 985 prestataires de la montagne » et que cette fastidieuse tâche avait nécessité plusieurs journées.

Nous avons toujours procédé de la manière suivante :

Chaque chef de chantier dressait *quotidiennement*, sur une feuille imprimée, préparée spécialement pour notre Comité de défense, une liste *nominative* des hommes réunis sous ses ordres.

A la fin de la journée, chaque indigène recevait un bon portant : son nom, la date, la somme à payer, la signature du chef de chantier et le timbre de la mairie.

Les hommes qui, pour des raisons majeures ou des convenances personnelles, passaient seulement sur les chantiers une demi-journée, recevaient un bon analogue, avec l'indication précise de la somme de travail effectué.

Les feuilles de présence, dressées et certifiées par les chefs de chantiers, étaient centralisées au Comité de défense.

A chaque quinzaine, la Commission chargée de la paye se réunissait à la Mairie ; elle se composait de :

2 Conseillers municipaux européens ; l'agent-voyer, directeur général des chantiers ; les chefs de chantiers ; l'adjoint indigène, faisant fonctions de caïd ; les deux Conseillers municipaux indigènes, qui sont élus par leurs coreligionnaires, et les deux gardes champêtres indigènes.

La Commission faisait introduire séparément chaque haouch ou fraction de tribu. Le Cheick présentait individuellement chacun de ses administrés. L'indigène remettait ses bons de travail au maire qui les vérifiait et en établissait le montant ; puis il demandait au porteur :

— Comment t'appelles-tu ?
— Mohamed ben Mohamed.

Le maire, s'adressant à tous les fonctionnaires indigènes présents, demandait :

— Cet homme est-il bien Mohamed ben Mohamed ?

Sur la réponse affirmative, et l'identité de l'intéressé bien établie, les bons de journées étaient *immédiatement* réglés en *espèces*.

Nous n'avons accepté les paiements par procuration que dans les cas suivants : le père pour le fils, et inversement ; le frère pour le frère.

Et dans chacun de ces cas, nous nous assurions, par la déclaration préalable de tous les assistants, qu'il n'y avait aucun inconvénient à régler les bons présentés pour le compte d'un parent.

Nous avons pu ainsi prévenir tout abus. Aucune réclamation ne s'est élevée au sujet de ces feuilles de paye.

Nous avons assuré une garantie complète à nos travailleurs indigènes, en imposant, par contre, à la Commission, une tâche très longue et très minutieuse ; car, je le rappelle, nous avions à régler chaque fois près de mille prestataires, réunis sur la place de la Mairie.

Voilà la méthode que nous avions adoptée à l'Arba. Je suis persuadé que, avec quelques petites variantes dans les détails, les choses se sont passées aussi régulièrement sur tous les points du département.

E. B.

RAPPORT

PRÉSENTÉ

AU COMITÉ DE DÉFENSE DE L'ARBA

(SÉANCE DU 12 AOUT 1891)

PAR

M. BORDE, MAIRE,
PRÉSIDENT D'HONNEUR DU COMITÉ.

MESSIEURS,

Dès les premiers jours de janvier, les dépêches officielles nous annonçaient que les territoires militaires
du département d'Alger étaient envahis par des vols
importants de sauterelles, de l'espèce dite pèlerins. Quelques semaines après, la commune de Palestro en était
couverte; et le 12 mai, le fléau, suivant la vallée du
Haut-Isser, passait aux pieds de Bou-Zegzag et inondait
la commune de Saint-Pierre-Saint-Paul et la vallée du
Boudouaou.

Les sauterelles semblaient s'être cantonnées dans
cette région. Déjà les populations du Sahel et de la
Mitidja se prenaient à espérer qu'elles n'auraient pas à

7

subir cette invasion, lorsque le 29 mai, entre 10 heures du matin et 1 heure de l'après-midi, un vol de 120 kilomètres de largeur sur une profondeur variant entre 25 et 20 kilomètres couvrit toute la région du Tell, depuis l'Alma jusqu'à Cherchel, depuis Tablat jusqu'aux dunes du littoral.

La direction sur notre territoire était du Sud-Ouest au Nord-Est.

C'est la seule indication précise que je puisse donner; je crois qu'il n'est pas possible d'établir par des preuves concluantes que les sauterelles et les criquets adoptent une orientation fixe ; sur tous les points où j'ai pu les étudier, les vols ou les colonnes d'acridiens m'ont toujours semblé obéir plutôt à des influences climatériques qu'à un instinct les poussant immuablement vers le Nord, ainsi qu'on l'a souvent prétendu.

La commune de l'Arba fut totalement envahie.

Le 6 juin, les acridiens disparaissaient, après avoir, pendant 8 jours, couvert notre territoire, et déposé leurs œufs sur des surfaces considérables.

Le 9 juin, un vol beaucoup moins important (4 kilomètres sur 1) se répandait dans les gorges de l'Oued-Hamidou, y effectuait une ponte considérable et disparaissait quatre jours après son arrivée. Sa direction était du Sud au Nord jusqu'à l'entrée du débouché de la Mitidja, où le vol s'est redressé dans la direction Sud-Sud-Ouest au Nord-Nord-Est.

Mais tout danger n'était pas écarté par suite du départ ni même de la mort des sauterelles.

Le premier moment de stupeur passé, la population qui avait déjà vaillamment lutté pour éloigner les vols des cultures menacées, relevait sans retard les pontes effectuées sur divers points du territoire. Lorsqu'il fut établi que la plus grande partie de la montagne et tout le lit des rivières étaient contaminés, l'imminence du danger imprima une nouvelle impulsion au sentiment de défense.

Les constatations sommaires faites par chaque propriétaire ne laissaient aucun doute sur la gravité du désastre qui menacerait nos récoltes après les éclosions.

Les invasions précédentes avaient laissé des souvenirs lamentables dans l'esprit de ceux qui en avaient été les témoins et les victimes.

En 1867, les colons algériens furent cruellement éprouvés : en moins d'un mois, tout fut ravagé. La perte des récoltes, le typhus et le choléra furent les terribles conséquences de ce fléau, dont les survivants ont conservé le lugubre souvenir.

L'Arba fut particulièrement atteint ; et on cite encore tel vignoble dont tout les pieds durent être rasés, et rester improductifs pendant trois ans.

L'invasion de 1874 fut très faible, au moins dans notre région ; on put arrêter en avant du communal les colonnes de criquets descendus des montagnes.

Ces résultats, obtenus malgré les défectuosités d'un outillage primitif, permettaient d'espérer qu'une organisation plus complète et plus rationnelle, disposant d'engins et d'ingrédients inconnus de nos prédécesseurs, assurerait peut-être le succès de la lutte, malgré l'intensité de l'invasion, au moins égale à celle de 1867.

Il fallait donc unir tous les efforts et diriger toutes les bonnes volontés vers la défense commune.

Pénétré de ce sentiment, M. Borde, maire de l'Arba, d'accord avec plusieurs conseillers municipaux, provoqua, le 3 juin, une réunion de tous les propriétaires des communes de l'Arba, de Rivet, de Rovigo et de Sidi-Moussa, et invita toutes les personnes de bonne volonté à venir discuter les moyens à employer pour combattre l'invasion.

Le plus grand nombre des intéressés répondit à cet appel.

Les communes de Rivet, de Sidi-Moussa et de Rovigo, par l'organe de leurs maires respectifs, refusèrent de se grouper autour de l'Arba pour organiser une défense commune; et la réunion n'eut à s'occuper que de la lutte sur notre seul territoire.

Un Comité de défense fut nommé. Il comprenait tous les conseillers municipaux de la commune, quelques propriétaires, et les principaux fonctionnaires :

MM. BORDE, Maire.
    OBIN, Adjoint.
    CLARET, Conseiller municipal.
    FISCHER,   —
    REY,   —
    CHARPENTIER,   —
    GASCOU,   —
    VERRIER,   —
    LECAS,   —
    SAUTRON,   —
    BARBIER,   —
    BEST,   —
    PARÈRE,   —
    LALLEMANT,   —
    PRÊTET,   —
    VERGNÈRES,   —
    BERTRAND, Propriétaire-Viticulteur.
    LÉVY, Gérant du domaine de Boukandoura.
    BORGNON, Vétérinaire.
    AMIEL, Agent-voyer départemental.
    CLOCHARD, Conducteur des Ponts-et-Chaussées.
    MIRA, Propriétaire-Viticulteur.
    MONOT, Alfred, Fermier.
    LESIGNE, Directeur du Comptoir d'Escompte.
    GŒTZMANN, Notaire.
    HOMO, Receveur des Contributions.

MM. Cailhol, Louis, Propriétaire.
   Bayle, Viticulteur.
   Warot, Henri, Propriétaire-Viticulteur.

Le Comité se réunissait le soir même, et constituait ainsi son bureau :

Président d'honneur : M. Borde, Maire.
Président : M. Claret.
Vice-Présidents : MM. Warot et Lévy.
Trésorier : M. Fischer.
Secrétaires : MM. Amiel et Borgnon.

Puis il nommait une Commission des finances, qui serait chargée d'ouvrir une souscription dans la commune et d'en recueillir le montant.

MM. Lévy, Claret, Borgnon et Lesigne constituaient cette Commission, à laquelle fut adjoint M. Lecas dès son retour de France.

On décidait ensuite que tous les membres du Comité feraient partie de la Commission de recherche des lieux de ponte ; le territoire fut divisé en 6 secteurs ; une Sous-Commission fut spécialement affectée à la recherche des pontes dans chacun des secteurs, pour lesquels une carte distincte fut dressée par M. Amiel.

Enfin le Comité se préoccupa de réunir les fonds indispensables pour les travaux préparatoires. Il s'arrêta au principe d'une imposition volontaire proportionnée à la valeur et à la superficie des propriétés menacées. Sur la proposition de M. Claret, le Comité fixe à 50 fr. par hectare de vigne ou de toute autre culture intensive, susceptible d'être ravagée par les criquets, la part contributive de chaque propriétaire.

Un premier versement de 20 fr. par hectare est immédiatement exigible.

Cette imposition reste complètement indépendante des

sacrifices déjà faits ou à faire par les propriétaires, en vue de leur défense particulière.

. . . .

. . . .

. . . .

Il m'est pénible de vous rappeler les quatre défections que nous avons rencontrées ; mais je crois obéir à un sentiment de stricte justice en les opposant aux nombreuses preuves de solidarité que je serai heureux de vous signaler plus loin.

Nous pouvions redouter que l'exemple de MM. . . . . n'entraînât de nombreuses défaillances. Heureusement, l'esprit de concorde et d'union a pu grouper toutes les bonnes volontés. Car tout le monde comprenait déjà que la défense particulière de chaque propriété ne pouvait pas assurer le succès final ; et qu'après avoir détruit les pontes déposées dans nos cultures ou le long des rivières, il faudrait aller au-devant des éclosions de la partie montagneuse, si nous voulions éviter le désastre dont nous menaceraient les avalanches de criquets qui nous inonderaient par les gorges.

Indépendamment de cette imposition de 50 francs, votre Comité de défense a ouvert une souscription publique dans le village ; elle a produit 2,843 fr. 65.

Cette offrande généreuse émane d'habitants qui, n'étant pas propriétaires agricoles sur la commune, étaient moins directement intéressés à l'issue de la lutte. Cependant ils ont voulu venir en aide, dans la mesure de leurs moyens, à leurs concitoyens menacés dans leurs récoltes. C'est le même sentiment qui a déterminé les souscriptions en nature ; si nous voulions les évaluer en chiffres approximatifs, elles grossiraient de près de 2,000 francs la somme des sacrifices supportés par la population de l'Arba.

Je ne puis, à mon grand regret, accorder une mention

spéciale à tous ceux de nos concitoyens qui, chacun dans sa spécialité, ont voulu contribuer par leur travail personnel à la défense commune. Mais je dois rappeler ici qu'une partie des nombreux transports de matériel et d'ingrédients a été effectuée gratuitement par M. Borgnon, Lecas, Gascou et par la Société de Viticulture, nous faisant réaliser ainsi une économie très appréciable, et que MM. Claret, Bertrand, Lévy et Borde ont fourni 4,000 piquets pour les appareils cypriotes.

Le concours de toutes ces bonnes volontés a rendu plus facile la tâche de votre Comité de défense.

Cependant, si nous pouvions compter sur les ressources matérielles nécessaires à la lutte, nous n'avions sur les mœurs de l'ennemi que des renseignements très vagues et le plus souvent erronés. C'est ainsi qu'on avait laissé s'accréditer une légende qui pouvait rendre l'invasion beaucoup plus redoutable. Il était couramment admis que les sauterelles mouraient aussitôt après avoir déposé leurs œufs dans la terre. Deux jours après leur arrivée sur le territoire de St-Pierre-St-Paul, je constatai que les femelles ne mouraient pas après une première ponte, mais qu'elles se préparaient à une deuxième ponte et que, pendant cet intervalle, elles dévoraient les cultures. Il devenait dès lors important de ne plus se contenter d'éloigner les vols, mais de les détruire partout où on pourrait les atteindre.

La plus grande partie des cultures fut préservée des pontes ; mais le lit et les berges des rivières, et quelques parcelles de propriétés du village furent contaminées.

Dès qu'il nous a été démontré que les œufs exposés au soleil étaient détruits par la sécheresse, nous nous sommes occupés de faire labourer ou piocher les surfaces reconnues contaminées par la Commission de recherche. Par un arrêté du 3 juin, affiché sur tous les points de la commune, le Maire rendait ces travaux obligatoires. Nous avons rencontré, pour cette partie de la défense, un réel empressement chez tous les propriétaires. Les prestations nous ont permis de nettoyer les talus et les fossés des routes. M. Claret, le domaine de Boukandoura et la Société de viticulture ont fourni leurs équipages pour labourer les bords et le lit des rivières ; les colons qui ne pouvaient exécuter chez eux les travaux nécessaires ont été aidés par la commune ou par leurs voisins. Grâce à ce premier effort, bien préparé par le fonctionnement du service de recherche des pontes, nous avons pu prévenir l'éclosion d'une très grande partie des œufs déposés sur notre territoire.

Mais nous ne pouvions espérer que nous n'aurions pas à lutter contre les criquets ; et tout en détruisant le plus grand nombre possible de coques ovigères, votre Comité nommait une Commission du matériel, qui devait réunir les appareils et les ingrédients nécessaires à la défense.

Dès le 7 juin, le Comité disposait, pour la défense générale, de 7 kilomètres et demi d'appareils en zinc ou en toile ; la Société de viticulture en avait 4 kilom., et M. Lévy pouvait affecter 5 kilom. à la défense des propriétés de Boukandoura. A la séance du 14 juin, le Comité ratifiait l'achat de 2 kilom. d'appareils en zinc, fournis par le Comité central d'Alger depuis la dernière réunion, et votait l'acquisition de 1,000 mètres de calicot pour la confection des melhafas, et de 500 litres d'essence de pétrole. Pour parer aux premières éclosions, que je faisais entrevoir comme très prochaines, le Comité décida l'installation immédiate d'un chantier, pour la mise en place des appareils. En même temps, j'arrêtais avec MM. Amiel et Gascou la disposition de la ligne de défense destinée à la protection générale de la commune.

Une ligne d'appareils fixes devait arrêter la marche

des criquets venant de la rivière ou des communes voisines ; les appareils cypriotes resteraient disponibles pour être transportés sur les divers points de la commune où on aurait à repousser une invasion.

La ligne fixe comportait trois sections.

La première, établie sur les bords de l'Oued-Djemma, sur toute la limite de la propriété Ben d'Ali, fut posée par les soins et aux frais de la Société de viticulture. Elle venait aboutir au chemin de Rovigo.

La 2e section, installée par les soins et aux frais du Comité de défense de la commune, partait de ce dernier point, traversait la ferme Mira et l'Oued-Rora, remontait ensuite la rive gauche de ce cours d'eau, qu'elle franchissait à l'extrémité des vignes comprises entre le chemin du communal et l'Oued-Rora ; de ce dernier point la ligne d'appareils se continuait jusqu'au chemin de l'Arba aux moulins, en traversant la route nationale, à 100 mètres environ en avant du pont sur l'Oued-Rora et la propriété Si Tahar ben Mahi-Eddin ; arrivée au chemin de l'Arba aux moulins, en face le moulin Lecas, la ligne suivait le fossé côté droit du dit chemin, jusqu'au canal du Syndicat. De ce dernier point elle se redressait pour traverser le chemin et allait en ligne droite passer au-dessous de la vigne Delarbre, remontait ensuite à l'extrémité de cette propriété vers la montagne, de manière à comprendre la propriété Bataille dans le périmètre de défense ; de ce dernier point elle allait passer au-dessus de la vigne Pello, Jean, traversait la propriété Bahoni et Boukandoura et enfin se terminait à l'Oued-M'sallah.

La 3e section comprenait les appareils installés par les soins et aux frais du propriétaire de Boukandoura. Elle partait de l'Oued-M'sallah, longeait le flanc de la montagne, traversait la ferme Ste-Marguerite, contournait les vignobles de Boukandoura et aboutissait à l'Oued-M'sallah.

Une autre ligne de défense avait été établie au-dessus de la propriété de Mlle de St-Saurent, entre la route nationale et l'Oued-Djemma, descendant jusqu'au sommet du communal, où elle barrait la rivière jusqu'à la rencontre du courant. C'est cette ligne qui, sous la surveillance de M. Pélissière, a supporté tout le choc des premières éclosions, et elle a parfaitement fonctionné pendant huit jours.

Pour l'intelligence de l'organisation des chantiers, il faut rappeler brièvement la topographie de notre territoire.

La superficie de la commune de l'Arba est de 14,760 hectares, divisée en deux parties bien distinctes : la Mitidja et l'Atlas.

Le tiers environ, soit 5,000 hectares, situé dans la plaine, comprend la partie riche et cultivée. Elle est bordée à l'Ouest par l'Oued-Djemmah, et à l'Est par l'Oued-M'Sallah.

Dans cette région, la défense n'a rencontré aucune difficulté sérieuse. Chaque propriétaire a pu chasser de ses champs la plus grande partie des sauterelles ; aussi les pontes ont-elles été relativement peu nombreuses dans les vignes, à l'exception de quelques parcelles sablonneuses longeant les rivières, dans lesquelles il a été impossible de faire lever les acridiens, malgré tous les efforts.

Les oueds et les rares terrains non cultivés ont seuls été sérieusement contaminés par les pontes.

On ne peut pas estimer à moins de 600 le nombre d'hommes occupés d'abord à éloigner les sauterelles, et plus tard à écraser les criquets éclos dans les propriétés particulières.

Cet effort a été suffisant, puisqu'en 14 jours de combat tout a été détruit. Nous laissons pour mémoire les centaines de charrues employées, pendant les 15 jours d'incubation, à labourer les vignobles et à retourner les terres des champs infestés, en exécution de l'arrêté du maire de l'Arba.

Dans les oueds et particulièrement dans l'Oued-Djemma, la lutte, conduite par le Comité, a été beaucoup plus vive, mais par suite de la proximité du village et de la facilité de réunir un personnel nombreux, il a été possible de dégager rapidement la section de terrain située depuis le bas de la commune jusqu'à l'entrée des gorges.

Chaque jour la population du village a fourni gratuitement de 40 à 60 hommes de réquisition, et, je suis heureux de le redire, sans qu'aucune réclamation ni opposition se soit produite. Les fermiers fournissaient de leur côté un contingent d'égale force. En outre, un petit chantier de Kabyles payés par le Comité effectuait pendant les heures chaudes les travaux plus pénibles qui n'étaient pas demandés aux réquisitionnaires.

Le lit de la rivière a été partagé en quatre zones ayant chacune un surveillant attitré et 30 hommes.

Tous les matins, les criquets éclos dans la soirée précédente et dans les premières heures du jour étaient détruits méthodiquement.

Les quelques insectes qui échappaient à cette destruction allaient se jeter dans les fosses de la ligne de cypriotes dont il a été parlé, ou bien étaient dévorés par les nombreux oiseaux qui planaient au-dessus du terrain des éclosions.

La commune de Rovigo, limitrophe de la rive gauche de l'oued Djemma, a envoyé pendant plusieurs jours un chantier d'indigènes, mais la lutte est devenue tellement vive sur son territoire qu'elle n'a pu continuer à fournir cet effectif.

Par suite, nous sommes restés chargés entièrement de cette région et, pendant 16 jours, nous avons eu un de nos chantiers dans les Beni-Attïya, le long du grand versant qui borde notre commune au Sud-Ouest. Les chefs de chantiers chargés de ce travail, MM. Alexis Guillemin et Guillaume Ofbacher se sont fort bien acquittés de leur tâche, car aucune colonne ne nous a envahis par ce côté.

En opérant ainsi, c'est-à-dire en détruisant les criquets au fur et à mesure de leur naissance, nous avons pu nettoyer tous les graviers de la commune dans l'espace qui s'est écoulé entre le 15 juin, jour des premières éclosions et le 28 du même mois.

La dépense dans toute cette partie a été presque nulle. Elle n'a pas dépassé 923 francs, grâce aux efforts gratuits de toute la population.

Dans la montagne, les premières éclosions n'ont eu lieu que le 23, huit jours après celles de l'oued Djemma. Cette circonstance heureuse nous a permis de diriger sur ce point tous nos moyens de défense, puisque l'impulsion vigoureuse donnée à la première partie de la lutte nous avait débarrassés des criquets éclos dans la plaine.

Des difficultés de toutes sortes nous attendaient dans le territoire indigène des Sidi-Naceur.

Cette partie montagneuse commence à 2 kilomètres de l'Arba au kilom. 32. Elle se continue jusqu'à la limite de Tablat au kilom. 52.

C'était donc 20 kilomètres de territoire dans lequel il fallait combattre.

Quatre gorges, au fond desquelles coulent de petits oueds, se partagent le terrain, et sont séparées entre elles par des montagnes couvertes de broussailles et de rochers, dont l'altitude varie entre 500 et 800 mètres.

Une seule route carrossable, la route d'Aumale; un seul sentier muletier, Belkoran.

En dehors de ces voies, il n'existe aucun chemin muletier, et dans bien des endroits il n'est pas possible de voyager autrement qu'à pied.

Le développement des oueds principaux dans lesquels viennent se jeter plus de 50 affluents de 1,000 à 1,500 mètres est de 42 kilomètres.

D'abord en suivant la route, l'oued Djemma sur 3 kilom. jusqu'au point d'intersection de l'oued Bouyeran. Ce dernier court vers le Sud sur 2,500 mètres jusqu'à la rencontre de l'oued Fontas, de l'oued Kebir et de l'oued Hamidouche qui se suivent sur 9 kilom. 500, pour arriver au Sud du dépôt des mines de M. Delamare, à Sakamody.

Direction générale Ouest, et remontant légèrement vers le Sud-Est.

Plus au Nord, nous retrouvons l'oued Hamidou, prolongement de l'oued Djemma sur 5 kilom.; il se partage ensuite en oued Bouéhemy sur 4 kilom. 500 aboutissant au col de Sakamody, aux Oulad-Bakir, et oued Bou-Hani sur 3 kilom. 600. En continuant notre route vers le Nord, nous rencontrons l'oued Attal qui prend naissance près des talus Oulman pour venir se jeter dans l'oued Djemma avec 3,400 mètres de parcours.

Puis l'oued Rora, aussi affluent de l'oued Djemma avec 5 kilomètres de longueur, l'oued-M'sallah avec 7 kilomètres de développement.

Enfin, tout à fait au Sud, la section de l'oued Arbatach sur 4 kilomètres de longueur.

Cette région accidentée occupe 9,000 hectares.

Elle est habitée par 5,000 indigènes disséminés en 45 haouchs ou douars pouvant fournir un effectif de réquisition de 985 hommes.

La lutte y a été des plus pénibles, et, commencée le 24 juin, elle n'a été terminée que le 8 août.

A plusieurs reprises, nous avons cru que nous pouvions licencier nos chantiers, mais chaque fois l'arrivée de nouvelles bandes provenant des communes limitro-

phes nous imposait de nouveaux efforts et de nouveaux
sacrifices.

Nous estimons que la destruction de ces criquets
éclos hors de notre territoire a prolongé d'une semaine
environ la durée totale de la campagne.

J'ai réquisitionné à peu près régulièrement un tiers
de la population des Sidi-Naceur, les deux autres tiers
ayant besoin de leur temps pour couper leurs moissons
et mettre rapidement leurs récoltes à l'abri des criquets
et du feu.

En dehors des 300 hommes qui m'étaient fournis par
les indigènes avec une paye de 75 centimes par jour,
nous avons installé des chantiers de Kabyles payés à
1 fr. 75 ; leur effectif s'est élevé jusqu'à 50 hommes.

Dans les derniers temps, la Préfecture nous a envoyé
un détachement de 30 zouaves dont le concours nous a
été très utile et auxquels vous avez fait dimanche dernier,
10 juillet, une belle réception qu'ils avaient parfaitement
méritée.

Ainsi que vous le voyez, le nombre d'hommes employés
à combattre le fléau a dépassé par moment 450 hommes
et ne s'est pas abaissé au-dessous de 200.

15 Européens contre-maîtres ont été employés à la
surveillance et à la direction des indigènes.

M. Amiel n'a pas hésité à nous prêter tout son matériel personnel de campement, ainsi que celui de son
administration.

Nous avons pu avec ce concours abriter la plus grande
partie de nos chefs de chantier européens.

Pour vous donner une idée des difficultés de surveillance, nous avons dû installer des chantiers principaux
sur 24 points différents. Plusieurs d'entre eux étaient
souvent subdivisés en deux et trois équipes, dans un
territoire presque impraticable, sur une profondeur de
15 kilomètres et une largeur à peu près égale. Les points
principaux où la lutte a été vive sont :

Bou-Remelet, Moul-el-Hani, Bel-Koran, Beni-Saâda, Azem-Tissenkil, Oued Rhora, Ouled-Jeld, Ouled-Cheurfa, Ouled-Messaoud, Sakamodi, Rarbou, Cheurfa, Laagage-nat, Sohane, Ouled-Bakir, Haouch-Cadi, Oued Hamidou, Oued Serir, Massameur, Chabria, Tafet, Oued Fontas, Oued Allou et Tala-Oulman.

Si maintenant vous examinez la carte des pontes jointe au présent rapport, vous verrez que la surface conta-minée dépasse 4,000 hectares.

Les points indiqués par les indigènes concordent avec cette surface. J'ai pu le vérifier lors de mes tournées à mulet, effectuées d'abord pour la reconnaissance des points de pontes et ensuite pour l'inspection des chan-tiers.

J'ai constaté que tout le terrain de ces parties mon-tagneuses était couvert de cadavres de sauterelles dont la quantité variait entre 30 et 50 par mètre carré.

L'intensité de l'invasion sur une aussi grande surface provenait probablement de ce que les acridiens, chassés vigoureusement de la plaine, venaient se réfugier dans ces terrains où personne ne les inquiétait au moment de l'accouplement. Plusieurs d'entre vous ont pu vérifier le fait précédent.

Une commission composée de MM. Trabut et Bron-gniart, envoyée par la Préfecture, a pu contrôler l'exacti-tude absolue de mon assertion.

Les œufs déposés sur ce territoire immense de 4,000 hectares, n'ont pas tous éclos.

Une faible partie, pondue dans des terrains qui se sont desséchés trop rapidement, n'a pu trouver la fraîcheur nécessaire pour venir à bien.

Sur d'autres points, au contraire, dans les lieux bas et humides, les coques ont été pourries et dévorées par un petit ver blanc provenant d'une mouche d'une espèce particulière.

Malheureusement ces destructions naturelles n'étaient que des exceptions de peu d'importance, et les œufs déposés dans les terrains favorables laissaient subsister dans toute sa force le danger qui nous menaçait.

Peu de jours après les éclosions, une nappe de criquets couvrait presque le territoire infesté.

Tous les propriétaires européens, presque tous les douars demandaient des secours en même temps.

Nous nous sommes vraiment multipliés, et des appareils, de l'huile lourde, du pétrole et du personnel étaient envoyés simultanément sur tous les points menacés.

Une seule bande a occupé pendant plusieurs jours la route d'Aumale, sur une longueur de plus de huit kilomètres.

A Sohane arrivaient continuellement des colonnes formidables de l'oued Fontas et l'oued Kebir par les sommets de Ben-Zina et de Terfine. Nos chantiers et nos appareils étaient journellement débordés.

Pendant plusieurs semaines, la destruction considérable effectuée par nos 250 hommes n'était plus appréciable le lendemain, car de nouvelles colonnes remplaçaient les morts de la veille. Nous avons employé tous les moyens connus, écrasement, fosses, appareils cypriotes et surtout l'incinération.

Chaque fois qu'il nous a été possible de rabattre les colonnes dans la broussaille, nous formions aussitôt un cercle de feu, facilement installé par l'emploi des flambeurs Mangon. Nous avons détruit ainsi des quantités de criquets telles, que nous n'osons donner aucun chiffre, de peur d'être taxé d'exagération.

Nous n'estimons pas à moins de 700 hectares l'ensemble des 6 à 700 taches que nous avons détruites par ce procédé.

Et cela, sans préjudice de l'emploi de tous les autres moyens connus.

En somme, nous avons détruit 210 quintaux de sauterelles, 560 doubles décalitres d'œufs, 4,200 mètres cubes de criquets, comptés en volume au moment où ces insectes sont à demi-grosseur, c'est-à-dire à l'âge de trente jours.

Dans ces conditions, nous avons calculé que chacun des hectares contaminés devait produire un minimum de un mètre cube d'acridiens.

Nous avons ajouté deux cents mètres en plus pour les rivières, dans lesquelles les éclosions ont été très nombreuses.

Nous obtenons, du reste, ce chiffre, en faisant le calcul suivant :

Une ponte donne, en moyenne, 80 criquets, qui cubent, d'après nos expériences, 0,99 centimètres cubes au moment où ils vont muer pour la troisième fois. Ils atteignent 1 cent. 850 avant la dernière mue, trois ou quatre jours avant de prendre les ailes.

La sauterelle parfaite cube 2 cent. 700. Nous pouvons admettre, pour la simplification du calcul, que le criquet de 30 jours cube exactement 1 centimètre.

Dans ces conditions, il suffit de 12 pontes pour occuper plus tard un décimètre cube, et de douze mille pontes ou 1,760,000 criquets pour un mètre cube. Comme conséquence de ce qui précède, nous voyons qu'il suffit que chaque mètre carré contienne une coque et un cinquième de coque pour nous donner la production que nous indiquons.

Or, nous avons tous vu des points de ponte contenant jusqu'à 125 coques ovigères par décimètre carré. Nous reconnaissons que ce chiffre est un maximum considérable, la moyenne courante étant de 6 à 7, soit 6 à 700 par mètre carré. Dans ces conditions, il suffisait de 6 mètres carrés de pontes un peu denses, par hectare, pour produire le mètre cube que nous annonçons.

Vous le voyez, nous restons ici excessivement modérés dans notre appréciation, de peur d'être taxés d'exagération.

Les journées employées à la destruction des sauterelles et des criquets sont au nombre de 31,270 et 1,600 journées de charrue, subdivisées ainsi :

JOURNÉES PAYÉES PAR LE COMITÉ DE DÉFENSE

Moniteurs. .	Civils.	400 journées,	1.600 fr.
	Militaires.	20 —	20
	Indigènes.	400 —	800
Travailleurs.	Civils.	480 —	1.440
	Militaires.	600 —	300
	Indigènes.	10.470 —	7.860
Convoyeurs .	Pour insecticides divers.	20 —	30
	Pour mulets	20 —	30
	Pour engins, cypriotes ou autres.	180 —	360
	Mulets	180 —	360
		12.770	12.800 fr.

Soit : *Douze mille sept cent soixante-dix journées payées.*

JOURNÉES FAITES GRATUITEMENT POUR LA DÉFENSE DE LA COMMUNE

Par les propriétaires du village.	1.600 estimées à 3 fr. =			4.800 fr.
Par les propriétaires de Sidi-Naceur	4.500 —	à 2	=	9.000
	6.100			13.800 fr.

JOURNÉES FAITES PAR LES PROPRIÉTAIRES POUR LA DÉFENSE

DE LEURS FERMES

Journées de charrue	1.600 à 10 fr.	=	16.000 fr.
Journées d'hommes occupés à chasser les sauterelles, à détruire les œufs et les criquets	12.200 à 2	=	24.400
	13.800		40.400 fr.

Le total des journées faites pour le Comité de défense, pour la commune, pour les propriétaires, s'élève à 31,270 et 1,600 journées de charrue, ayant une valeur totale de . . . 67.000 fr.

Il faut ajouter les achats d'appareils, d'huile lourde :

Par la commune.	2.500
Par le Comité, huile et outillage	1.711
3 kilom. d'appareils	2.240
Les propriétaires ont acheté à leurs frais 9 kilom. 400 mètres d'appareils en zinc et 4 kilom. d'appareils en planches	9.380
Huile lourde, produit Maïche, etc.	1.900
	84.731 fr.

pour 4,000 hectares.

Nous avons eu, en outre, à notre disposition 5 kilom. d'appareils cypriotes et 2,500 kilog. d'huile lourde que la Préfecture nous a fournis gratuitement.

Ces chiffres doivent vous montrer l'importance de la lutte engagée.

Nous ne devons pas vous cacher que plusieurs fois le découragement est entré dans notre cœur ; cependant

les circonstances étaient tellement graves que, même
sans oser compter sur une victoire complète, nous avons
continué à combattre le fléau avec acharnement, et notre
satisfaction est aujourd'hui d'autant plus grande que le
succès a dépassé toutes nos espérances.

Le dévouement de M. Amiel, le concours de mes collè-
gues du Conseil municipal, l'énergie déployée par MM.
les conseillers indigènes, la conscience du plus grand
nombre des chefs de chantier et la bonne volonté des
indigènes nous ont permis de rester maîtres du fléau.

Je ne veux pas terminer ce trop rapide exposé des travaux de votre Comité sans payer un juste tribut de
reconnaissance publique à MM. les conseillers municipaux, à MM. les membres du Comité de défense, ainsi
qu'aux fonctionnaires et employés municipaux qui nous
ont prêté leur concours.

Dès le début de la création du Comité de souscription,
MM. Claret, Lévy, Borgnon, Lesigne, Sautron, Mira et
Obin ont consacré de longues journées à visiter toutes
les maisons de la ville de l'Arba, ainsi que toutes les
fermes, même les plus éloignées, de la commune.

Je les en remercie vivement, car en dehors de la fati-
gue matérielle et de la perte de temps, il n'est pas toujours agréable d'aller quémander un secours, même pour
une œuvre aussi urgente que celle dont nous nous occu-
pions. Merci aussi aux conseillers qui ont surveillé
le chantier de la rivière, ainsi qu'à MM. Lecas, Gascou
et Amiel, qui ont accepté avec moi et sans hésiter la
lourde et fatigante tâche de régler 985 prestataires de
la montagne, à raison de 75 centimes par jour.

Plusieurs longs jours ont été consacrés à cette fastidieuse tâche.

Enfin, Messieurs, je pense que vous serez unanimes à
placer M. Amiel au premier rang de nos collaborateurs et
je crois être votre interprète à tous en lui adressant nos
remerciements. Vous qui avez suivi de près toutes les

phases de la campagne, vous avez pu constater chaque jour que le zèle et le dévouement de notre agent-voyer ne se sont pas démentis un seul instant. Il nous a donné tout son concours pendant cette période difficile et nous pouvons déclarer qu'il est pour une très grande part dans le succès que nous avons obtenu.

Il n'a pas hésité à dresser sa tente au milieu de ces régions difficiles où toutes les conditions du bien-être matériel lui manquaient.

Il a pu ainsi, par sa présence, maintenir les indigènes et aider les chefs de chantier dans la partie intelligente de la direction des travaux.

Je suis heureux de lui rendre ce public témoignage. Je me suis déjà fait un plaisir et un devoir de signaler sa conduite exceptionnelle à ses chefs hiérarchiques et à M. le Préfet d'Alger.

Je vous demande de vous associer à moi dans l'expression de gratitude que lui présente aujourd'hui par ma bouche la commune tout entière.

Je ne veux pas oublier le concours que nous a prêté notre commissaire de police, M. Ledermann.

Pendant toutes les réquisitions, chaque jour, il a dès la première heure rassemblé les corvées, en a fait l'appel et, d'accord avec moi, les a dirigées sur les points désignés d'avance.

Il s'est occupé avec soin de réunir les réquisitions, soit pour l'expédition des vivres et du matériel de défense nécessaires à nos chantiers éloignés, soit pour la garde de nuit de nos appareils, et cela à notre entière satisfaction.

Je suis heureux de l'en remercier publiquement.

Enfin permettez-moi, comme maire, de constater que le personnel communal a largement fait son devoir.

C'est avec satisfaction que je cite M. Benet, notre garde champêtre français; Ben Chaïb et Aïssa ben Seghir, nos deux gardes indigènes, enfin M. Bressy, chargé de la distribution du matériel. Je remercie Messieurs les membres du Comité d'avoir bien voulu leur accorder des gratifications.

De leur côté, Messieurs les conseillers indigènes ont montré un grand dévouement.

M. Ahmed ben Brahim, adjoint indigène, MM. les cheiks ben Ramdan et Baoni ont compris dès le premier jour la lourde responsabilité qui leur incombaient. Ils se sont entièrement mis à ma disposition, veillant attentivement à ce que les réquisitions s'effectuent aussi régulièrement que possible.

En dehors de leurs efforts permanents sur les chantiers, leurs mulets de bât et de selle ont été fournis gratuitement chaque fois que cela a été utile, et je puis dire que pendant 30 jours ils ont été constamment sur la brèche. Permettez-moi de citer aussi M. Mohamed ben Ramdam, fils du cheik Ramdam, qui a conduit et contrôlé le chantier de Beni-Saadi avec régularité et intelligence. Ces Messieurs ont ainsi contribué à sauvegarder le bien de toute leur importante tribu, car grâce aux efforts combinés de tous, il n'y a aucun dégât à signaler dans le territoire.

A ce propos, nous sommes heureux de constater que les indigènes ont apprécié à leur juste valeur les services que leur a rendus l'organisation générale de la défense. Un incident significatif nous en a donné la preuve.

A la dernière paye faite aux ouvriers des chantiers, les chefs et les notables indigènes présents ont spontanément témoigné, au nom de tous les indigènes de leurs haouchs et en leur nom personnel, toute leur gratitude pour le succès complet de la lutte dans leurs régions montagneuses ; et ils ont reconnu que, sans l'énergie de M. le Maire, et sans le concours pécuniaire et matériel du Comité, leurs récoltes eussent été vouées à une destruction certaine.

Permettez-moi de retenir votre attention sur l'importance que ces déclarations, toutes spontanées, tirent des circonstances actuelles.

Vous savez qu'en France, quelques personnages politiques s'efforcent de représenter le colon algérien comme l'ennemi héréditaire, l'exploiteur traditionnel de l'indigène.

L'exemple fourni par la commune de l'Arba dans la lutte qui vient de finir est la réfutation la plus complète de cette théorie malveillante.

Dans la plaine, chaque propriétaire a défendu ses cultures par ses efforts personnels, et en supportant tous les frais de sa défense particulière.

Dans la partie montagneuse, occupée par les tribus qui dépendent de notre commune, nous avons fourni gratuitement aux indigènes le matériel, les moniteurs ; nous avons envoyé M. Amiel pour organiser chez eux la défense, et nous avons payé 75 centimes par jour tous les travailleurs indigènes qui ont collaboré, chez eux, à la préservation de leurs propres cultures !

Deux nombres résument très clairement les sacrifices comparatifs pour les deux divisions de la commune : nous avons payé 923 francs pour la défense dans la plaine, et 10,097 francs pour la défense des tribus.

Ce simple exposé montre sous leur vrai jour l'attitude et les sentiments de la population européenne à l'égard de la population arabe ; des esprits prévenus ou de mauvaise foi pourraient seuls nous accuser d'exploiter les indigènes.

Vous connaissez maintenant les travaux exécutés pour la défense de la commune. Il me reste à vous exposer les ressources dont disposait le Comité, et les dépenses occasionnées par les diverses phases de la lutte.

Nos recettes comprenaient :

1° Le produit de la taxe acceptée par les propriétaires............................ fr.   17.457 35
  2° La souscription publique du village....   2.843 65
  3° Le produit de la revente des appareils en zinc   970   »

                  Total en caisse.........   21.501   »

Sur cette somme, il reste à recouvrer 230 fr.

Nous vous soumettons plus loin, *in extenso*, la gestion financière du Comité. Vous pouvez vous rendre compte facilement de la situation.

Chaque payement est accompagné d'un reçu en règle.

Les payes ont été faites publiquement à la mairie, en présence de plusieurs conseillers.

Les états sont établis sur des imprimés créés spécialement pour le Comité de défense.

Le dossier est déposé à la mairie. Vous pouvez tous en prendre connaissance et en vérifier l'exactitude.

Il nous reste en caisse la somme de 6,818 francs, en admettant que les 230 francs de souscription en souffrance rentrent totalement.

Votre Comité vous propose de répartir entre tous les souscripteurs, au prorata, trente pour cent de leur versement respectif.

Le solde disponible servira à régler les quelques factures qui peuvent encore être en retard. Lorsque tous les comptes seront terminés, votre Comité vous réunira pour vous demander l'emploi que vous voudrez faire de ce dernier reliquat.

LES SAUTERELLES 1891

DOIT

Encaisse de la liste de souscription :		
Souscription du village		2.843 65
Cotisation des cultures intensives		17.457 35
Revente des appareils en zinc		970 »
A recouvrer :		
Souscription S.	100	
— M.	80	
— P.	50	230 »
Total		21.501 »

AVOIR

Mois	Jour	Désignation	Montant
Juin	24	Ramassage des sauterelles et œufs	151 35
	25	Dépêches et timbres	90 »
	28	Mandats de journées	526 50
		— —	53 »
	29	Facture Dufour (menuisier)	11 50
		— Miara (pointes)	2 75
Juillet	2	Mandats de journées	256 90
	6	Achat de 2 kilom. 200m (appareils en zinc)	1.692 »
		Transport de 500 planches	55 »
	7	Mandats de journées	1.280 10
	13	— —	330 25
	16	— —	2.524 60
	17	Facture Thévenin (arrosoirs et coupe de zinc)	431 »
		Achat de marteaux et masses	22 50
Août	2	Mandats de journées	3.404 30
	10	Achat de vin (zouaves)	99 20
		Facture Galmiche (imprimés)	27 60
		— Reulet (brosse)	5 25
		— Tufner (banquet des zouaves)	114 »
		— Tufner (transport divers)	95 »
		— Langlois (zinc)	451 »
		— Raymond (cordes)	2 70
		— Palmade (transports)	20 »
		— Philippon (pétrole)	687 25
	11	Mandats de journées	571 05
		— — (Bourmelette)	774 50
		Solde de journées et gratifications diverses	885 »
	15	Transport Savaille (appareils)	20 »
		— Gape (pétrole)	4 »
		Legros (8 journées)	16 »
		Ahmed Amida (10 journées)	7 50
		Escompte (traites)	16 »
		Facture Viala (outils divers et clous)	36 95
		— Bottard (transport)	237 »
		— Gascou —	126 05
		— Galmade —	24 50
		Reliquat 30 % sur 20,301 fr.	6.090 30
		Impression (rapport du maire)	250 »
		En caisse à ce jour (si les 230 fr. de souscription en souffrance rentrent)	478 40
		Total	21.501 »

Je viens de résumer les travaux de votre Comité de défense. J'aurais voulu m'étendre davantage sur le dévouement de toute la population, et mettre en relief, comme ils le méritent, les efforts de tous nos collaborateurs. Non seulement vous avez été utiles à votre commune, mais encore je ne crains pas de dire que vous avez servi la cause même de l'Algérie, au cours des longs débats qui se sont élevés dans le Parlement au sujet du concours financier de la Métropole.

En réponse aux détracteurs systématiques de notre colonie, qui reprochent aux Algériens de compter toujours et uniquement sur le Gouvernement, et voulaient refuser les 1,500,000 francs demandés pour la lutte, le rapporteur de la Commission spéciale nommée pour étudier la demande de crédit a pu, dans la séance du 30 juin où ont été votés ces crédits, fournir à la tribune du Sénat des renseignements très détaillés sur les sacrifices consentis par la population de l'Arba ; et il a fait ressortir les effets très probants obtenus dans notre commune par l'initiative privée.

Nous sortons de la lutte avec une victoire complète, et votre Comité va se dissoudre en emportant pour ses membres et pour leurs mandants la satisfaction du devoir accompli.

Nous ignorons si l'avenir nous réserve d'autres invasions. Les progrès incessants de la science, s'ils ne peuvent prévenir le retour de ce fléau, nous fourniront sans doute des moyens de défense toujours plus perfectionnés et plus puissants.

Mais les résultats définitivement acquis dans la campagne qui prend fin nous permettent d'envisager avec confiance cette éventualité. Car vous avez prouvé par le fait que, par l'union de toutes les bonnes volontés, par la solidarité des sacrifices, on peut conjurer les sinistres qui, jusqu'à ce jour, paraissaient devoir accompagner chaque invasion.

Après la lecture de son rapport, M. Borde met aux voix les propositions suivantes :

1° Approbation de la gestion financière et de tous les actes du Comité.

Approuvé à l'unanimité.

2° Distribution aux souscripteurs de 30 0/0 sur le reliquat disponible.

Adopté à l'unanimité.

3° Dissolution du Comité, avec cette réserve que les trésoriers resteront en fonctions jusqu'à l'apurement définitif des comptes.

Adopté à l'unanimité.

Sur la proposition de M. Gascou, l'Assemblée décide, à l'unanimité, qu'il sera prélevé sur le reliquat une somme de 250 francs pour l'impression et la distribution du rapport du Président d'honneur.

TABLE DES MATIÈRES